战略性新兴产业培育与发展研究丛书

海洋产业培育与发展研究报告

唐启升　杨宁生 等　编著

科学出版社
北　京

内 容 简 介

本书是中国工程院于2011年年底启动的“战略性新兴产业培育与发展战略研究”重大咨询项目中“海洋战略性新兴产业培育与发展战略研究”课题的成果。书中针对培育和发展我国海洋战略性新兴产业的重要意义、海洋战略性新兴产业的内涵、海洋战略性新兴产业在国家战略性新兴产业中的地位、国外海洋战略性新兴产业发展的现状等问题进行了论述和分析，指出我国海洋战略性新兴产业发展的主要问题。同时，提出我国海洋战略性新兴产业发展的原则和目标、发展重点以及有关政策建议。

本书可作为海洋工程与科技相关的各级政府部门的参考用书，也可作为科技界、教育界、企业界及社会公众等的参考用书。

图书在版编目(CIP)数据

海洋产业培育与发展研究报告 / 唐启升，杨宁生等编著 .--北京：科学出版社，2015

（战略性新兴产业培育与发展研究丛书）

ISBN 978-7-03-043655-9

Ⅰ.①海… Ⅱ.①唐…②杨… Ⅲ.①海洋开发－产业发展－研究报告－中国 Ⅳ.①P74

中国版本图书馆CIP数据核字(2015)第045646号

责任编辑：马 跃 徐 倩 / 责任校对：贾如想
责任印制：肖 兴 / 封面设计：无极书装

科学出版社 出版

北京东黄城根北街16号
邮政编码：100717
http://www.sciencep.com

中国科学院印刷厂 印刷

科学出版社发行 各地新华书店经销

*

2015年5月第 一 版 开本：720×1000 1/16
2015年5月第一次印刷 印张：11 1/2
字数：230 000

定价：78.00元

（如有印装质量问题，我社负责调换）

战略性新兴产业培育与发展研究丛书

编委会

丛 书 序

进入21世纪，世界范围内新一轮科技革命和产业变革与我国转变经济发展方式实现历史性交汇，新一轮工业革命正在兴起，全球科技进入新的创新密集期，我国进入了经济发展新常态，经济从高速增长转为中高速增长，经济结构不断优化升级，经济从要素驱动、投资驱动转向创新驱动。培育和发展战略性新兴产业是党中央、国务院着眼于应对国际经济格局和国内未来可持续发展而做出的立足当前、着眼长远的重要战略决策。战略性新兴产业是我国未来经济增长、产业转型升级、创新驱动发展的重要着力点。培育发展战略性新兴产业，高起点构建现代产业体系，加快形成新的经济增长点，抢占未来经济和科技制高点对我国经济社会能否真正走上创新驱动、内生增长、持续发展的轨道具有重大的战略意义。党的十八大报告明确指出，推进经济结构战略性调整，加快传统产业转型升级，优化产业结构，促进经济持续健康发展的一个重要举措就是积极推动战略性新兴产业的发展。

"十三五"时期战略性新兴产业面临新的发展机遇，面临的风险和挑战也前所未有。认识战略性新兴产业的发展规律，找准发展方向，对于加快战略性新兴产业培育与发展至关重要。作为国家工程科技界最高咨询性、荣誉性学术机构，发挥好国家工程科技思想库作用，积极主动地参与决策咨询，努力为解决战略性新兴产业培育与发展中的问题提供咨询建议，为国家宏观决策提供科学依据是中国工程院的历史使命。面对我国经济发展方式转变的巨大挑战与机遇，中国工程院积极构建新的战略研究体系，于2011年年底启动了"战略性新兴产业培育与发展战略研究项目"，坚持"服务决策、适度超前"原则，在"十二五"战略性新兴产业咨询研究的基础上，从重大技术突破和重大发展需求着手，重视"颠覆性（disruptive）技术"，开展前瞻性、战略性、开放性的研究，对战略性新兴产业进行跟踪、滚动研究。经过两年多的研究，项目深入分析了战略性新兴产业的国内外发展现状与趋势，以及我国在发展战略性新兴产业中存在的问题，提出了我国未来总体发展思路、发展重点及政策措施建议，为“十三五”及更长时期的战略性新兴产业重要发展方向、重点领域、重大项目提供了决策咨询建议，有效地支撑了国家科学决策。此次战略研究在组织体系、管理机制、研究方法等方面进行了探索，并取得了显著成效。

一、创新重大战略研究的组织体系，持续开展战略性新兴产业咨询研究

为了提高我国工程科技发展战略研究水平，为国家工程科技发展提供前瞻性、战略性的咨询意见，以打造一流的思想库研究平台为目标，中国工程院通过体制创新和政策引导，积极与科研机构、企业、高校开展深度合作，建立创新联盟，联合组织重大战略研究，开展咨询活动。此外，中国工程院2011年4月与清华大学联合成立了“中国工程科技发展战略研究院”，2011年12月与中国航天科技集团公司联合成立了“中国航天工程科技发展战略研究院”，2011年12月与北京航空航天大学联合成立了“中国航空工程科技发展战略研究院”，实现了强强联合，在发挥优势、创新研究模式、汇聚人才方面开展探索。

战略性新兴产业培育与发展研究作为上述研究机构成立后的首批重大咨询项目，拥有以院士为核心、专家为骨干的开放性咨询队伍。相关领域的110多位院士、近200位专家及青年研究人员组成课题研究团队，分设信息、生物、农业、能源、材料、航天、航空、海洋、环保、智能制造、节能与新能源汽车、流程制造、现代服务业13个领域课题组，以及战略性新兴产业创新规律与产业政策课题组和项目综合组，在国家开发银行的大力支持下，持续研究战略性新兴产业培育与发展。

二、创新重大战略研究的管理机制，保障项目的协同推进和综合集成

此次研究涉及十多个领域，为确保领域课题组的协同推进、跨领域问题的统筹协调和交流、研究成果的综合集成，项目研究中探索了重大战略研究的管理机制，建立了跨领域、全局性的重大发展方向、重大问题的领导协商机制，并形成了组织相关部委、行业主管部门、各领域院士和专家进行重点领域、重大方向、重大工程评议的机制。项目组通过工作组例会制度、工作简报制度和定期联络员会议等，建立起项目动态协调机制。该机制加强了项目总体与领域课题组的沟通协调，推动了研究成果的综合集成，确保综合报告达到“源于领域、高于领域”的要求。

三、注重广泛调研及国际交流，充分吸纳产业界意见和国外发展经验

此次研究中，中国工程院领导亲自带队，对广东、重庆等省市战略性新兴产业的培育与发展情况进行了实地调研，考察了主要相关企业的发展情况，组织院士专家与当地政府及企业代表就发展战略性新兴产业过程中的经验及问题进行讨论。项目组召开了“广东省战略性新兴产业发展座谈会”，相关院士、专家及广州、深圳、佛山、东莞政府相关部门和广东省企业代表进行了座谈交流；与英国皇家工程院和中国清华大学共同主办了“中英战略性新兴产业研讨会”，中英相关领域院士、专家学者就生物工程、新能源汽车、先进制造、能源技术等领域开展了深入研讨；组织了“战略性新兴产业培育与发展高层论坛”；在第十五届中国国际高新技术成果交易会期间，与国家发展和改革委员会、科学技术部、工业和信息化部、财政部、清华大学联合主办了“战略性新兴产业报告会”等。

四、创新重大战略研究的方法和基础支撑，提高战略咨询研究的科学性

引入评价指标体系、成熟度方法、技术路线图等量化分析方法与工具，定性与定量相结合是此次战略研究的一大亮点。项目以全球性、引领性、低碳性、成长性、支柱性、社会性作为评价准则，构建了战略性新兴产业评估指标体系，为“十三五”战略性新兴产业重大发展方向、重大项目的选择提供了量化评估标准。产业成熟度理论的研究和应用，为准确把握重大发展方向的技术、制造、产品、市场和产业的发展状态，评估产业发展现状，预测发展趋势提供了科学的评估方法。技术路线图方法的研究与应用，为战略性新兴产业的发展路径选择提供了工具支撑。项目还开展了战略性新兴产业数据库建设工作，建立了战略性新兴产业网站，并建立了战略性新兴产业产品信息、技术信息、市场信息、政策信息等综合信息平台，为进一步深入研究战略性新兴产业培育与发展提供了基础支撑。

“十三五”时期是我国现代化建设进程中非常关键的五年，也是全面建成小康社会的决定性阶段，是经济转型升级、实施创新驱动发展战略、加快推进社会主义现代化的重要时期，也是发展中国特色的新型工业化、信息化、城镇化、农业现代化的关键时期。战略性新兴产业的发展要主动适应经济发展新常态的要求，推动发展方式转变，发挥好市场在资源配置中的决定性作用，做好统筹规划、突出创新驱动、破解能源资源约束、改善生态环境、服务社会民生。

“战略性新兴产业培育与发展研究丛书”及各领域研究报告的出版对新常态

下做好国家和地方战略性新兴产业顶层设计和政策引导、产业发展方向和重点选择，以及企业关键技术选择都具有重要的参考价值。系列报告的出版，既是研究成果的总结，又是新的研究起点，中国工程院将在此基础上持续深入开展战略性新兴产业培育与发展研究，为加快经济发展转型升级提供决策咨询。

前　言

海洋是人类可持续发展的宝贵财富和战略空间，随着《联合国海洋法公约》制度的建立和经济全球化的深入发展，世界进入了加快开发利用海洋的时代。各国已经开始从国家近岸、近海逐渐向全球海域扩展。通过对海洋资源的开发利用，进一步发展本国经济，拓展本国战略利益，已成为世界海洋强国的共识。

我国一直高度重视对海洋的开发利用。党的十八大明确提出了“确保到二〇二〇年实现全面建成小康社会的宏伟目标”，同时也提出了要“提高海洋资源开发能力，发展海洋经济，保护海洋生态环境，坚决维护国家海洋权益，建设海洋强国”。这既是新时期海洋工作的指导方针，也为海洋事业的发展提出了新的要求。国务院2010年发布的《关于加快培育和发展战略性新兴产业的决定》中提出，要加快海洋生物技术及产品的研发和产业化；面向海洋资源开发，大力发展海洋工程装备；在生物、信息、航空航天、海洋、地球深部等基础性、前沿性技术领域，集中力量突破一批支撑战略性新兴产业发展的关键共性技术等。这标志着海洋已经成为国家发展战略性新兴产业的一个重点领域。

近10年来，我国海洋经济保持平稳较快发展，年均增长率持续高于同期国民经济增速。海洋总产值、海洋产业增加值每年以高于同期国民经济增速的速度增长，平均每年海洋总产值对全国GDP的贡献率超过9%。2013年全国海洋生产总值为54 313亿元，比上年增长7.6%，占GDP的9.5%，其中，海洋产业增加值为31 969亿元，海洋相关产业增加值为22 344亿元。这些数据表明，海洋经济对我国经济发展的带动作用日益增强。

为了充分认识和把握战略性新兴产业的发展规律，遴选并找准培育和发展战略性新兴产业的突破口，探索政府与企业协同推进战略性新兴产业的新路径，中国工程院于2011年年底启动了“战略性新兴产业培育与发展战略研究”重大咨询项目。“海洋战略性新兴产业培育与发展战略研究”是该项目13个研究领域中的一个。

在项目组的统一组织领导下，我们组织了我国海洋领域的有关专家、学者，针对培育和发展我国海洋战略性新兴产业的重要意义、海洋战略性新兴产业的内涵、海洋战略性新兴产业在国家战略性新兴产业中的地位、国外海洋战略性新兴产业发展的现状、我国海洋战略性新兴产业发展的主要问题、我国海洋战略性新兴产业发展的原则和目标、我国海洋战略性新兴产业的发展方向和重点等一系列问题展开了研究。课题组在对大量的国内外文献进行梳理、分析的基础上，深入一线调研，召开学术研讨会，听取了有关专家的意见和建议等。我们还随同项目组对广东、重庆等省市战略性新兴产业的培育与发展情况进行了实地调研，考察主要相关企业的发展情况，参加了“广东省战略性新兴产业发展座谈会”、“中英战略性新兴产业研讨会”等活动。2013年11月第十五届中国国际高新技术成果交易会期间，在由国家发展和改革委员会、科学技术部、工业和信息化部、财政部、清华大学联合主办的战略性新兴产业报告会上，我们还汇报了课题的主要研究成果。经过近两年的努力，完成了课题研究任务。

我们研究的结论是：我国海洋战略性新兴产业发展的基础较好、潜力巨大，但与发达国家相比，科技、产业基础相对薄弱，整体发展水平还不高，政策保障体系尚不完善。要达到快速发展，实现质的飞跃，还面临着诸多制约因素：一是科技水平相对落后；二是高端装备制造能力不强；三是资金投入不足；四是产业化瓶颈突出；五是服务支撑体系不完善。基于此，我们提出了五点建议：一是重视海洋经济发展，整体提升海洋产业的战略地位；二是优化海洋产业结构，加快海洋开发步伐；三是加快海洋科技创新体系建设，提高海洋科技自主创新能力；四是以重大工程和重点项目为支撑，培育海洋战略性新兴产业体系；五是合理配置资源，协调海洋经济发展与环境保护。

课题研究任务的圆满完成是多位专家努力和辛勤劳动的结果，在此深表谢意。其中：唐启升院士为课题组组长，金翔龙院士、吴有生院士、周守为院士、孟伟院士、管华诗院士为课题组副组长。课题总报告最后由唐启升、杨宁生、仝龄、赵宪勇、张元兴、李清平、李大海、刘晃、王传荣、赵泽华、杨占红、姜秉国等执笔，唐启升审稿。

本书由于专业面广，涉及的领域多，书中难免存在疏漏和不足之处，敬请读者批评指正。

目 录

第一章

培育和发展我国海洋战略性新兴产业的重要意义

党的十八大明确提出了“确保到二〇二〇年实现全面建成小康社会宏伟目标”，同时也提出了要“提高海洋资源开发能力，发展海洋经济，保护海洋生态环境，坚决维护国家海洋权益，建设海洋强国”，这既是新时期海洋工作的指导方针，同时也为海洋事业的发展提出了更为广泛和更为迫切的要求。培育和发展我国海洋战略性新兴产业具有如下重要意义。

一、维护国家海洋权益，抢占海洋战略制高点的迫切需要

海洋是人类可持续发展的宝贵财富和重要战略空间，21 世纪是“海洋世纪”。随着《联合国海洋法公约》制度的建立和经济全球化的深入发展，国家利益和安全范围从传统的领土和主权空间拓展到更广泛的国家利益空间，各国已经开始从国家近岸、近海逐渐向全球海域扩展。世界进入了深度、高效和立体开发利用海洋的时代，利用和控制全球海洋战略通道发展经济，拓展战略利益，实现海洋的战略利用成为世界强国的共识。进入 21 世纪以来，先后有 20 多个国家发布海洋战略和政策，加强对海洋的控制、占有和利用，以期在维护各自海洋利益的争夺中占据先机。世界海洋工程和科技的快速发展也引发了海洋竞争格局、国家财富获取方式和海洋经济发展方式的重大变革。这些变化和变革主要表现在以下几个方面。

一是受国际金融危机影响，全球科技进入新一轮的密集创新时代，世界主要国家纷纷加大海洋科技投入，强化海洋科技关键技术研发部署，大力发展海洋生物利用、海水综合利用、海洋可再生能源、深海资源勘探开发等高技术产业，抢

占海洋战略性新兴产业发展的先机和主动权。作为战略性高技术，深海高技术的发展和突破也带动了战略性海洋新兴产业的发展，并将成为新一轮全球经济危机复苏中竞争的战略制高点。

二是海洋开发技术的不断进步，特别是深海高技术的迅猛发展，正在改变着某些沿海国家的发展模式，如挪威、文莱、越南、巴西等已发展成为世界深水油气开发出口国，获取海洋财富的能力和国际竞争力显著增强。世界海洋大国在深入开发利用传统海洋资源的同时，将依靠科技创新探索战略新资源，开发利用海洋能源，拓展发展空间。

三是以外大陆架划界申请、公海保护区设立和国际海底区域新资源申请为主要特征的第二轮“蓝色圈地”运动正在兴起，公海不自由将成为必然的趋势。一些国家以宣示存在和实际占领为手段，强化对南北极的战略争夺，海洋空间竞争日趋激烈。目前已有 49 个国家向联合国提交了外大陆架划界案，所主张的外大陆架总面积超过 2 500 万平方千米，相当于沿海国所主张的大陆架面积增长了四分之一。进入 21 世纪，深海生物基因资源成为“新宠”。关于深海生物基因资源采探及国际海底区域环境保护等方面法律制度的构建已经成为国际社会共同关注的焦点。一个国家对国际海域资源和空间的真正占有和利用取决于其相应的深海技术和工程装备。

四是海洋学已发展为研究海洋盆地和全球进程的科学，必须依赖全球海洋观测和监测。全球气候变化、海上溢油、海啸及其影响等正成为全球性海洋灾害，海洋开发面临着新的挑战和风险。2010 年墨西哥湾溢油和 2011 年渤海溢油，以及日本海啸造成的核泄漏都为海洋开发敲响了警钟。这些关系全球变化、关系海洋生态安全和人类健康等重大问题将是未来海洋科学研究的重点和热点，都需要相应的工程设备和科技的支撑，民生科技也将得到快速发展。

五是国际海洋事务的变化也提供了新的合作和发展机遇。2012 年，联合国提出了以发展“蓝绿经济”为核心的海洋发展之路。保护海洋环境、支撑绿色经济、改善海洋行政管理以及增强可持续利用海洋的能力，已成为当代海洋发展的主要内容。

我国正处于与世界经济同步转型的进程中，已经成为深度融入全球和区域一体化、高度依赖海洋的经济体系。深远海资源和空间的开发利用将影响我国的国家安全和国家利益。公海、大洋和极地空间与资源将支撑我国 21 世纪的发展，海上通道的安全和畅通是关系我国对外贸易、能源和资源运输的重要保障，海外基地的布局对于拓展和保护我国全球政治经济利益也将起到关键作用。党的十八大强调要关注海洋、太空、网络空间安全，这对维护国家安全提出了新的要求。因此，我们必须站在中华民族伟大复兴的高度，将我国在深远海的战略利益区作为新的战略边疆，维护不断拓展的我国海洋战略利益。

二、保障国家资源安全，稳固国家经济建设基础的迫切需要

资源和能源是保障国家经济建设的重要基础。2010 年，我国已成为世界第二大经济体。利用两种市场、两种资源，实施“大进大出”是我国经济的基本格局，而且随着经济社会的深入发展，这种格局还将进一步深化。我国经济对各类自然资源的消费和需求呈持续增加态势，到 2020 年，我国对金属资源类，如锰、铅、镍、铜、锌、钴、铂等矿产需求对外依存度都将超过 50%以上；对能源类，如天然气的需求量对外依赖度超过 50%，而石油将超过 70%，这将成为制约我国国民经济发展的一个重要因素。海洋是水资源、能源、生物资源、空间资源和金属矿产资源基地，因此，海洋作为接替新资源基地的经济和战略意义十分突出。

首先，海洋蕴藏着丰富的矿产资源。锰、钴、镍等金属资源是我国的战略资源。深海多金属结核、富钴结壳和热液硫化物分布区，其无疑已成为人类社会未来发展极其重要的战略资源储备地。随着陆地资源的日益减少，以及科学技术的发展，合理勘探、开发深海多金属结核、富钴结壳和热液硫化物资源已成为未来世界经济、政治、军事竞争和实现人类深海采矿梦想的重要内容。海底热液硫化物是海底热液活动的产物之一，富含铜、锌、金、银等有用的金属元素，一般产于水深 1 000～3 500 米处，是极具开发远景的潜在资源。深海还蕴藏着丰富的多金属结核和富钴结壳资源。其中，多金属结核分布于太平洋、大西洋和印度洋水深 4 000～5 500 米的海底，富含铜、镍、钴、锰等金属元素，其资源总量远远高出陆地的相应储量；而富钴结壳富含钴、镍、锰、铂、稀土等金属，主要分布在水深 800～3 500 米的海山上部斜坡上，其厚度一般为几厘米(较厚的结壳，其厚度可超过 12 厘米)。富钴结壳中的钴含量高达 2%～3%，是多金属结核钴平均含量的 8 倍以上，较陆地原生钴矿高出几十倍，仅就海底富钴结壳的钴含量而言，陆地上尚未发现与之产出规模和钴富集程度相当的矿床。

其次，海洋中生存着至少 100 万种人类不知道的生物，海洋深处埋藏着无数稀有资源，有待于未来科学家们的探索发现，主要有：①深海低温环境生物；②深海高温环境生物；③海底“第三生物圈”的生物。世界海洋大国都在研究深海生物技术，深海海底生物资源开发利用既是前沿科学问题，也是战略高技术产业的发展问题。

再次，海洋深水油气资源和海洋可再生能源可缓解目前世界能源紧张的局面。我国油气资源比较丰富，但人均占有资源量严重不足。世界人均占有石油可采资源 68 吨，而我国人均占有石油可采资源只有 12 吨；世界人均占有天然气可

采资源7万立方米，而我国人均占有天然气可采资源仅1万立方米。随着国民经济的持续快速增长，能源供需矛盾日益突出。相关研究表明，全球资源需求的高峰将出现在2020年，我国资源需求的高峰也将出现在2020～2030年。我国海域面积近300万平方千米，已圈定大中型油气盆地26个，石油地质资源量为350亿～400亿吨。“十一五”期间石油增量70％来自海洋，海洋石油已经成为我国石油工业主要增长点。但目前我国海洋资源开发，特别是油气开发主要集中在陆上和近海，因此在加大现有资源开发力度的同时，需要大力勘探开发深水油气资源。

最后，受全球范围内能源危机的冲击以及环境保护和经济持续发展的要求，人类必须寻求一条发展洁净能源的道路。开发利用新能源和可再生能源成为21世纪能源发展战略的基本选择，而海洋可再生资源具有美好的前景。

三、推进我国经济持续健康发展，转变经济发展结构的迫切需要

近10年来，我国海洋经济呈现出又好又快发展的局面，海洋经济综合实力显著增强，在国民经济中的地位日益提高，海洋产业结构不断优化，海洋经济布局逐渐形成。“十一五”期间，海洋经济保持平稳较快速度发展，年均增速13％，全国海洋总产值占GDP的比重在9.5％～10％，海洋经济对国民经济的贡献不仅仅是作为增长点，而且已经成为国民经济的新领域。

2008年以来，发端于美欧的国际金融危机逐步蔓延，对全球经济造成巨大冲击，也深刻改变了我国经济发展的内外部环境。传统发展模式长期积累的矛盾愈加凸显，对我国加快经济发展方式转变提出了更加迫切的要求。在这样的背景下，2009年中央经济工作会议做出了发展战略性新兴产业的战略决策。2009年9月，温家宝总理在战略性新兴产业发展座谈会上阐述了以新能源、物联网和传感网技术、新材料、生命科学、空间与海洋探索五个领域为重点的产业规划。2010年《政府工作报告》明确指出，要大力培育新材料、新能源、节能环保、生物医药、信息网络、新能源汽车和高端制造业等战略性新兴产业，加大对这些产业的投入和政策扶持。2010年10月，国务院正式颁布《关于加快培育和发展战略性新兴产业的决定》(国发〔2010〕32号)，揭开了我国培育发展战略性新兴产业的序幕。

海洋是孕育战略性新兴产业的重要载体。地球上71％的面积被海洋覆盖，海洋是资源的宝库、文明的摇篮，也是人类发展的希望所在。20世纪以来，发端于陆地的人类活动越来越多地融入了海洋这一新的要素，特别是20世纪70年代以来，面对愈演愈烈的人口、资源、环境等全球性问题，海洋在人类发展中的重要地位愈加凸显。据统计，近40多年，世界海洋经济每10年约翻一番，2000

年以来呈加速发展的趋势。越来越多的国家加入到谋求利用海洋拓宽生存和发展空间的行列，以经济和科技为代表的国际海洋竞争日趋激烈。

海洋战略性新兴产业是战略性新兴产业的重要组成。海洋战略性新兴产业体现了一个国家或地区在未来海洋利用方面的潜力，直接关系到在21世纪的蓝色经济时代占领世界经济发展制高点的问题。当前，越来越多的国家调整战略、制定政策和发展规划，把大力培育催生海洋新兴产业作为推动经济发展的动力之一。我国海域辽阔，跨越热带、亚热带和温带，大陆海岸线长达18 000多千米。海洋资源种类繁多，海洋生物、石油、天然气、固体矿产、可再生能源、滨海旅游等资源丰富，开发潜力巨大。其中，海洋生物2万多种，海洋鱼类3 000多种；海洋石油资源量约240亿吨，天然气资源量14万亿立方米；滨海砂矿资源储量31亿吨；海洋可再生能源理论蕴藏量6.3亿千瓦；滨海旅游景点1 500多处；深水岸线400多千米，深水港址60多处；滩涂面积380万公顷，水深0～15米的浅海面积12.4万平方千米。此外，我国在国际海底区域还拥有7.5万平方千米多金属结核矿区。随着我国现代化进程的推进，海洋的战略地位日益突出，海洋经济对国民经济和社会发展的支撑作用也越来越明显。加强对海洋战略性新兴产业的培育和发展，提升海洋开发与保护的能力与水平，对于我国全面实现建设小康社会的战略目标具有重要意义。

四、建设海洋生态文明，服务和保障民生的迫切需要

全面建成小康社会，服务和保障民生，提高人民生活水平是《国民经济和社会发展第十二个五年规划纲要》的重要内容和指标。随着海洋在国民经济社会发展中战略地位的提升，海洋在提供食物来源与保障食品安全、提供多种生态服务、防灾减灾等服务和保障民生方面，将发挥越来越重要的作用。

随着科学技术的进步，海洋生物资源已经成为各国重要的食物来源和战略后备基地。海洋渔业资源是一种“可再生”的重要战略性资源，是人类未来生存和发展的物质宝库。联合国粮食及农业组织通过的《京都宣言》，特别强调了发展渔业对保障世界粮食安全的重要作用，目前渔业为世界提供了15%以上的动物蛋白。我国人多地少，2030年我国人口达到峰值时，对水产品的需求将增加2 000万吨，海洋渔业资源的开发和利用将为粮食安全和提供潜在价值的生物资源起到重要作用。由于近海传统重要经济种类资源严重衰退，获取公海大洋渔业资源，发展大洋渔业是我国经济社会发展的战略需求。目前，我国每年有100多万吨的远洋渔业产量，若以养殖同样数量水产品所需饲料粮为标准折算，则相当于400万吨粮食；若以蛋白质含量折算，则相当于125万吨猪肉。因此，远洋渔业为我国国民提供了重要的食物来源，从海外运回水产品就相当于为我国增加了土地资

源、水资源，意味着扩大我国对自然资源的拥有量。海水养殖是人类主动、定向利用水域资源的重要途径，已经成为对粮食安全、国民经济和贸易平衡做出重要贡献的产业。我国海水养殖的种类包括鱼类、虾蟹类、贝类、藻类四大类，产量位居世界首位，是世界上唯一养殖产量超过捕捞产量的渔业国家。海水养殖不仅现在是，而且将来仍然是人们利用海洋生物资源以保障食物安全的一个越来越重要的途径。与此同时，随着小康社会建设的不断深入，人民群众对优美安全海洋生态环境的需求越来越迫切。

目前，我国近海海洋环境恶化趋势尚未得到根本遏制，局部海域甚至出现逐年加重的势头，这给沿海地区经济社会可持续发展以及人民群众的生产生活都造成了巨大威胁。随着生活水平的提高和环境意识的增强，人们对洁净优美的海洋环境有了越来越强烈的期待。中国是海洋灾害多发的国家之一，特别是飓风和风暴潮危害巨大，每年因海洋灾害造成的人员伤亡和经济损失巨大。灾害预测预警系统的发展和灾害防治技术的进步可有效减轻海洋灾害的危害程度。因此，发展海洋高新技术，掌握和预测海洋动力环境变化规律，建立近海生态环境监控、监测网络，是提高灾害性极端气候事件以及海洋生态系统变化预警能力的关键。如何在开发利用海洋资源、发展现代海洋产业体系，提高海洋开发、控制的同时，保护海洋和海岸带生态环境，维护海洋生态系统健康，保障中国海洋资源可持续利用，是当前我们面临的问题。我们需要通过海洋生态和环境工程建设，改变我国海洋环境现状，缓解海域生态压力，维护海洋生态健康，提高海洋环境安全保障能力，抵御海洋灾害能力，这是海洋经济可持续发展对海洋生态与环境工程的战略需求。

党的十七大首次提出了建设生态文明的战略任务，标志着我国进入全面建设生态文明的新阶段。十八大报告将生态文明建设纳入中国特色社会主义事业总体布局，明确提出了建设资源节约型、环境友好型“美丽中国”的发展目标，要求把生态文明建设放在突出地位，融入经济建设、政治建设。海洋生态文明是我国建设生态文明不可或缺的组成部分，建设美丽中国离不开美丽海洋。建设海洋生态文明将以人与海洋和谐共生、良性循环为主题，以海洋资源综合开发和海洋经济科学发展为核心，以强化海洋国土意识和建设海洋生态文化为先导，以保护海洋生态环境为基础，以海洋生态科技和海洋综合管理制度创新为动力，整体推进海岛和海洋生产与生活方式转变的一种生态文明形态。在建设海洋生态文明的进程中，采取工程技术手段，控制海洋环境污染，改善海洋生态，探索沿海地区工业化、城镇化过程中符合生态文明理念的新的发展模式，是建设海洋生态文明不可或缺的内容。

第二章

海洋产业与海洋战略性新兴产业

一、海洋产业

国家海洋局编制的《中国海洋经济统计公报》中，把海洋产业定义为，人类利用海洋资源和空间所进行的各类生产和服务活动，包括海洋渔业、海洋油气业、海洋矿业、海洋盐业、海洋化工业、海洋生物医药业、海洋电力业、海水利用业、海洋船舶工业、海洋工程建筑业、海洋交通运输业、滨海旅游业等主要海洋产业，以及海洋科研教育管理服务业。

(1)海洋渔业包括海水养殖、海洋捕捞、海洋渔业服务业和海洋水产品加工等活动。

(2)海洋油气业是指在海洋中勘探、开采、输送、加工原油和天然气的生产活动。

(3)海洋矿业包括海滨砂矿、海滨土砂石、海滨地热、煤矿开采和深海采矿等采选活动。

(4)海洋盐业是指利用海水生产以氯化钠为主要成分的盐产品的活动，包括采盐和盐加工。

(5)海洋化工业包括海盐化工、海水化工、海藻化工及海洋石油化工的化工产品生产活动。

(6)海洋生物医药业是指以海洋生物为原料或提取有效成分，进行海洋药品与海洋保健品的生产、加工及制造活动。

(7)海洋电力业是指在沿海地区利用海洋能、海洋风能进行的电力生产活动，但不包括沿海地区的火力发电和核力发电。

(8)海水利用业是指对海水的直接利用和海水淡化活动，包括利用海水进行淡水生产和将海水应用于工业冷却用水和城市生活用水、消防用水等活动，不包括海水化学资源综合利用活动。

(9)海洋船舶工业是指以金属或非金属为主要材料，制造海洋船舶、海上固定及浮动装置的活动，以及对海洋船舶的修理及拆卸活动。

(10)海洋工程建筑业是指在海上、海底和海岸所进行的用于海洋生产、交通、娱乐、防护等用途的建筑工程施工及其准备活动，包括海港建筑、滨海电站建筑、海岸堤坝建筑、海洋隧道桥梁建筑、海上油气田陆地终端及处理设施建造、海底线路管道和设备安装，不包括各部门、各地区的房屋建筑及房屋装修工程。

(11)海洋交通运输业是指以船舶为主要工具从事海洋运输以及为海洋运输提供服务的活动，包括远洋旅客运输、沿海旅客运输、远洋货物运输、沿海货物运输、水上运输辅助活动、管道运输业、装卸搬运及其他运输服务活动。

(12)滨海旅游业是指以海岸带、海岛及海洋各种自然景观、人文景观为依托的旅游经营、服务活动，主要包括海洋观光游览、休闲娱乐、度假住宿、体育运动等活动。

(13)海洋科研教育管理服务业是开发、利用和保护海洋过程中所进行的科研、教育、管理及服务等活动，包括海洋信息服务业、海洋环境监测预报服务、海洋保险与社会保障业、海洋科学研究、海洋技术服务业、海洋地质勘查业、海洋环境保护业、海洋教育、海洋管理、海洋社会团体与国际组织等。

海洋相关产业是指以各种投入产出为联系纽带，与主要海洋产业构成技术经济联系的上下游产业，涉及海洋农林业、海洋设备制造业、涉海产品及材料制造业、涉海建筑与安装业、海洋批发与零售业、涉海服务业等。

我国正处在海洋经济加快发展的重要战略机遇期。2009～2013 年全国海洋生产总值占 GDP 的 9.5%以上。2013 年全国海洋生产总值 54 313 亿元，比上年增长 7.6%，海洋生产总值占 GDP 的 9.5%。其中，海洋产业增加值 31 969 亿元，海洋相关产业增加值 22 344 亿元。海洋第一产业增加值 2 918 亿元，第二产业增加值 24 908 亿元，第三产业增加值 26 487 亿元，海洋第一、第二、第三产业增加值占海洋生产总值的比重分别为 5.4%、45.9%和 48.8%(图 1-1)。据统计，2013 年全国涉海就业人员为 3 513 万人。

海洋经济对经济发展的带动作用日益增强。国务院 2010 年发布的《关于加快培育和发展战略性新兴产业的决定》中提出，要加快海洋生物技术及产品的研发和产业化；面向海洋资源开发，大力发展海洋工程装备；在生物、信息、航空航天、海洋、地球深部等基础性、前沿性技术领域，集中力量突破一批支撑战略性新兴产业发展的关键共性技术等。这标志着海洋已经成为国家发展战略性新兴产业的一个重点领域。

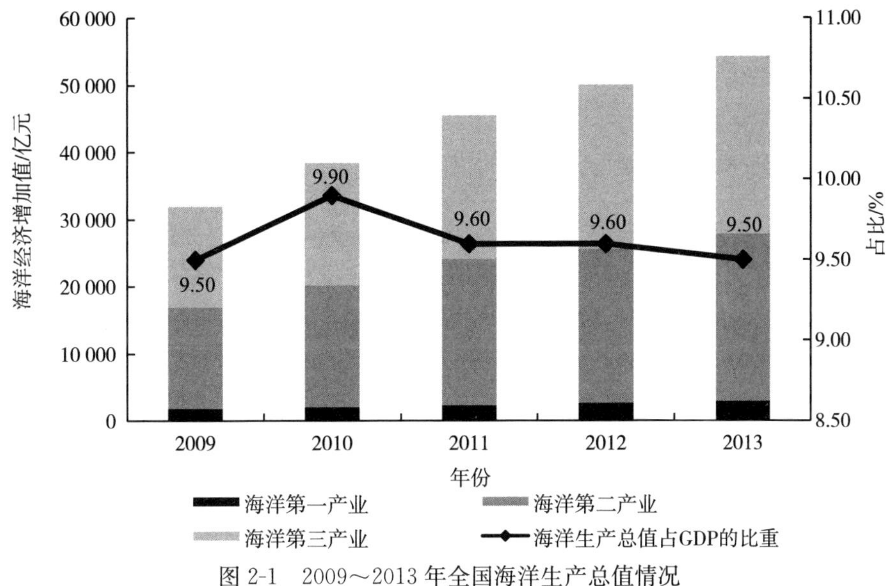

图 2-1　2009～2013 年全国海洋生产总值情况

资料来源：国家海洋局．2013 年中国海洋经济统计公报，2014

二、战略性新兴产业

根据国务院《关于加快培育和发展战略性新兴产业的决定》，战略性新兴产业的定义为：以重大技术突破和重大发展需求为基础，对经济社会全局和长远发展具有重大引领带动作用，知识技术密集、物质资源消耗少、成长潜力大、综合效益好的产业。从我国国情和科技、产业基础出发，现阶段选择节能环保、新一代信息技术、生物、高端装备制造、新能源、新材料和新能源汽车七个产业作为战略性新兴产业，在重点领域集中力量，加快推进。

对战略性新兴产业进行分析，有助于我们加深对海洋战略性新兴产业内涵和外延的理解。所谓战略性，就是事关国家和地区的长期发展战略，其事关我国经济结构调整和增长方式转变大局，对于实现我国经济可持续发展具有重要意义，要调动方方面面的力量，从国家经济发展全局出发，统一谋划，协同发展，整体推进。此外，战略性产业还意味着具有较强的产业关联和带动作用，处于产业价值链的核心环节，对于促进产业融合，提升产业集聚水平具有积极作用。所谓新兴产业，就是指产业具有出现时间晚、成长速度快、产业规模小等特点。归纳起来，战略性新兴产业即从国家战略的高度对经济发展产生重要影响，能够对国民经济发展和产业结构转换起促进、导向作用，代表未来经济发展和技术进步方向，能够有效带动相关产业的发展，具有广阔发展前景的产业门类。

三、海洋战略性新兴产业

(一)海洋战略性新兴产业的内涵

随着国家对战略性新兴产业发展的高度重视和积极推动，海洋战略性新兴产业(有的学者称为战略性海洋新兴产业)逐渐受到广泛关注，部分学者对海洋战略性新兴产业进行了初步的系统研究。孙志辉(2010)将战略性海洋新兴产业界定为海洋高新技术产业，具有战略意义的新兴海洋产业，新资源开发利用的配套装备和基础设施，主要有海洋生物医药业、海水淡化和海水综合利用业、海洋可再生能源产业、海洋装备业、深海产业等；仲雯雯等(2011)指出，我国海洋战略性新兴产业包括海洋生物医药业、海水淡化和海水综合利用业、海洋可再生能源产业、海洋装备业、深海产业等；孙加韬(2011)认为，我国海洋战略性新兴产业应当包括海洋生物育种和健康养殖、海洋生物医药、海水淡化与综合利用、海洋装备、海洋可再生能源、深海技术、海洋服务业等领域；姜秉国和韩立民(2011)指出，海洋战略性新兴产业是指以海洋高新科技发展为基础，以海洋高新科技成果产业化为核心内容，具有重大发展潜力和广阔市场需求，对相关海陆产业具有较大带动作用，可以有力增强国家海洋全面开发能力的海洋产业门类。根据国务院确定的七大战略性新兴产业，以及世界海洋科技发展趋势和我国海洋产业发展现状，我们认为，海洋战略性新兴产业主要包括海洋新能源产业、海洋高端装备制造产业、海水综合利用产业、海洋生物产业、海洋环境产业和深海矿产产业六大海洋产业门类。

唐启升在《中国海洋工程与科技发展战略研究》①中认为，海洋产业本身就具备突出的战略性，正如该书第一章“培育和发展我国海洋战略性新兴产业的重要意义”中所论述的，海洋新兴产业的发展是维护国家海洋权益、保障国家资源安全、推进经济持续健康发展和建设海洋生态文明的迫切要求。他对主要海洋产业分类结构提出了新的见解，认为：若按资源利用、装备制造和物流服务三大生产特征划分，可将目前的主要海洋产业的结构划分为海洋生物产业、海洋能源产业、海水利用产业、海洋制造与工程产业、海洋物流产业和海洋旅游业六大产业，其增加值可占总增加值的99.7%，仅海洋矿业未包括在内(占0.3%)，这样的产业划分与国务院确定的七大战略性新兴产业大体对应。

(1)海洋生物产业，主要包括海洋渔业与海洋生物医药业。

(2)海洋能源产业，主要包括海洋油气业和海洋电力业。

① 该报告待出版。

(3)海水利用产业，主要包括海洋盐业、海洋化工业和海水利用业。

(4)海洋制造与工程产业。

(5)海洋物流产业。

(6)海洋旅游业。

(二)海洋战略性新兴产业在国家战略性新兴产业中的地位

根据战略性新兴产业的特征、我国国情和科技、产业基础，作为我国现阶段重点培育和发展的战略性新兴产业主要包括节能环保、新一代信息技术、生物、高端装备制造、新能源、新材料、新能源汽车七个产业。表 2-1 是根据国务院《关于加快培育和发展战略性新兴产业的决定》整理出的 7 个战略性新兴产业的主要门类和重点发展领域。

表 2-1　战略性新兴产业的主要门类和重点发展领域

产业门类	重点发展领域
节能环保产业	高效节能技术装备及产品，资源循环利用关键共性技术，环保技术装备及产品，废旧商品回收利用，煤炭清洁利用，**海水综合利用**
新一代信息技术产业	新一代移动通信、下一代互联网核心设备和智能终端，三网融合、物联网、云计算，集成电路、新型显示、高端软件、高端服务器，基础设施智能化，文化创意产业
生物产业	生物医药产业，生物医学工程产品，生物育种产业，生物制造关键技术，**海洋生物技术及产品**
高端装备制造产业	航空装备，空间基础设施、卫星及其应用，轨道交通装备，**海洋工程装备**，智能制造装备
新能源产业	核能产业，太阳能产业，**风电产业**，智能电网，生物质能产业
新材料产业	新型功能材料，先进结构材料，高性能纤维及其复合材料，共性基础材料
新能源汽车产业	插电式混合动力汽车、纯电动汽车，燃料电池汽车

通过表 2-1 我们可以看出，海洋产业分属其中 4 个战略性新兴产业，已经成为国家战略性新兴产业发展的重要领域，占据着十分重要的位置。近 10 年来，我国海洋经济发展的一个显著特点就是：在海洋高新技术的支撑下，一些对海洋经济、区域经济可持续发展具有重要战略意义的海洋新兴产业开始形成，并获得较快发展。

表 2-2 根据国家海洋局发布的《中国海洋发展报告(2011)》，列出了我国“十二五”期间和中长期海洋战略性新兴产业发展的方向和重点领域。

表 2-2　海洋战略性新兴产业发展方向和重点领域

海洋战略性新兴产业发展方向	“十二五”期间发展重点	中长期发展重点
海洋新能源产业	海洋风能、潮汐能	潮流能、波浪能、温差能
海洋高端装备制造产业	海上油气钻井平台、深潜器、大型特种船舶、海洋风力发电设备	大型海上漂浮式作业平台、海洋能电力设备、深海金属矿产开采设备
海水综合利用产业	海水淡化、海水直接利用、海水提溴、海水提镁	海水提铀
海洋生物产业	海洋生物医药、海洋生物育种、海洋生物基因技术、海洋生物材料	深海生物基因技术、深远海养殖业
海洋环保产业	海洋资源循环利用技术、海洋污染防治技术、近海生态系统修复技术	深海生态环境保护与修复技术
深海矿产产业	深海油气勘探与开采	多金属结核、富钴结壳、海底热液硫化物勘探与开采

我国的海洋战略性新兴产业正处于快速发展期。过去 5 年中，一些产业的年均增速超过 20%。海洋战略性新兴产业已经成为国民经济的战略先导产业之一。培育和发展海洋战略性新兴产业，有利于带动关联产业发展，促进相关高技术的发展和转化，增强海洋权益维护能力，提高海洋开发与保护水平，推动海洋强国建设进程。

第三章

我国主要海洋战略性新兴产业发展现状

一、海洋生物医药产业

海洋生物产业是我国海洋战略性新兴产业中发展相对比较成熟、市场化程度较高的产业，而海洋生物医药业是海洋生物产业的重要组成。海洋生物技术研究于1996年被列入国家863计划，一批海洋生物技术的重大项目相继优先启动，带动了中国海洋生物医药技术的跨越式发展。经过多年的探索和发展，目前我国海洋生物医药的研发已经取得了丰硕的成果，已知药用海洋生物约有1 000种，分离得到新天然产物数百个，自主研发的海洋药物有藻酸双酯钠、甘糖酯、多烯康、烟酸甘露醇等，另有河豚毒素、肾海康等多种海洋药物进入临床前或临床阶段，仿制或二级衍生的海洋药物30多种，开发的功能食品有多康佳、海力特等数十种。正在开发的海洋药物以及发现的活性物质在治疗癌症、心脑血管疾病等方面表现出巨大的潜力。20世纪90年代以来，随着一批具有自主知识产权的海洋药物(功能食品)的生产上市，我国海洋生物医药科技成果产业化的步伐不断加快，诞生了一批海洋生物医药高科技企业，产业规模迅速扩大。目前，海洋生物医药业已经初具规模(图3-1)，产业发展的良好环境初步形成。另外，随着我国海洋生物高新技术的发展，海洋生物产业中的海洋生物制品、海洋生物材料等领域目前发展较快，处在产业化的快速发展阶段。海洋生物产业具有巨大的潜在市场需求，拥有良好性能的海洋生物医药和保健产品、海洋生物制品等的产业化生产以及基于海洋生物基因技术的海洋生物新品可以开拓巨大的海洋生物产品市场，拓展生物医药产业、生物制品产业以及海洋养殖业发展空间，极具发展潜力。可以预计，随着海洋生物医药技术的进步，未来10～20年海洋生物产业发展进程将大大加快，迎来快速发展的“黄金时代”。

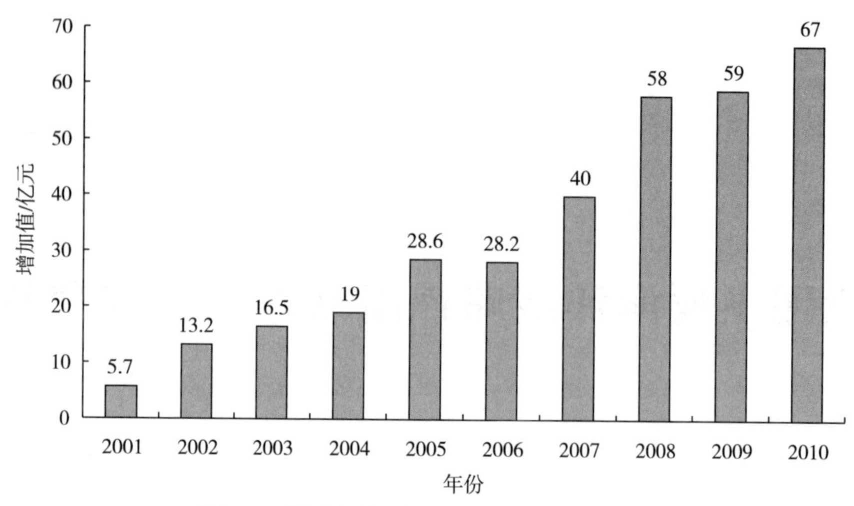

图 3-1　我国海洋生物医药业增加值年度变化

资料来源：国家海洋局．中国海洋经济统计公报，2001～2010

二、海洋渔业

近年来，国家对海洋渔业资源的增殖放流工作非常重视。2006 年国务院发布了《中国水生生物资源养护行动纲要》以后，我国渔业增殖放流投入资金和放流种苗数量大幅度增加。2006 年近海增殖放流各类种苗 38.8 亿尾(粒)，2009 年增加至 79 亿尾(粒)，2010 年和 2011 年分别达到 128.9 亿尾(粒)和 150.8 亿尾(粒)；投入资金也由 2006 年的 1.1 亿元增加至 2009 年的 1.8 亿元。放流种类主要包括水生经济种和珍稀濒危物种，涵盖鱼类、虾类、贝类、头足类、甲壳类、爬行类等，增殖放流种类不断增多，呈多样化趋势。

我国的远洋渔业经过 20 多年的发展，形成了一定规模。据 2010 年统计数据，我国远洋渔船规模达到 1 989 艘，渔船总功率 104.8 万千瓦，作业渔场遍及三大洋公海和 30 余个国家的专属经济区，年捕捞产量 111.6 万吨。我国远洋渔业作业方式已从单一的底拖网技术发展到现在的大型中上层拖网、光诱鱿钓、金枪鱼延绳钓、金枪鱼围网、光诱舷提网、深海延绳钓等多种捕捞技术，成为世界上远洋渔业作业方式最多的国家之一。我国仅有的大洋极地渔业为刚刚起步的南极磷虾渔业，尚处于试验性商业开发的初级发展阶段。在 2010～2011 年渔季，我国先后派出 5 艘渔船，捕获磷虾 1.6 万吨。由于对南极磷虾资源分布及渔场特征尚未开展专业性调查，且捕捞的渔船均为经简单改造的南太渔场竹荚鱼拖网船，捕捞产量和加工技术与南极磷虾渔业大国的挪威和日本等有较大差距。

海水养殖业目前已成为我国海洋生物资源开发利用的主要经济增长点。20世纪50年代，海带人工育苗技术的突破带动了海藻养殖业的大发展；60年代，“四大家鱼”人工育苗技术的突破带动了淡水鱼类养殖业的大发展；70年代，扇贝人工育苗技术的突破带动了海水贝类养殖技术的大发展；80年代，中国对虾工厂化育苗技术的突破带动了虾类养殖业的大发展，奠定了我国养虾大国的地位，80年代河蟹天然海水和人工半咸水育苗均获成功，也极大地促进了河蟹增养殖业的形成与发展；90年代，欧鳗养殖技术的成功，改变了亚洲养鳗业的格局，奠定了我国大陆鳗鱼养殖、出口的主导地位。每10年一次的水产养殖育种突破，大大促进了水产养殖技术发展，使产业发展踏上新的台阶。表3-1为2003～2010年我国海水养殖产量。

表3-1　2003～2010年我国海水养殖产量(单位：万吨)

养殖方式	2003年	2004年	2005年	2006年	2007年	2008年	2009年	2010年
浅海	554.86	590.51	625.94	666.16	674.49	673.78	739.82	770.85
滩涂	461.72	453.58	472.95	464.62	490.87	516.65	511.78	548.54
陆基	89.65	107.02	111.73	133.38	141.98	149.90	153.6	162.9
合计	1 106.23	1 151.11	1 210.62	1 264.16	1 307.34	1 340.33	1 405.2	1 482.29

资料来源：农业部渔业局．中国渔业统计年鉴，2003～2010

三、海洋新能源产业

海洋新能源产业主要指对海洋风能和海洋能的开发利用活动。我国的海洋电力业中高潮线以下的风电、潮汐发电以及其他海洋可再生能源开发活动，均属于海洋新能源产业。与常规能源相比，海洋能和海洋风能开发难度更大、技术要求更高。近年来，在国家可再生能源政策的支持和引导下，中国海洋电力产业发展速度明显加快(图3-2)。2012年，海洋电力业实现增加值70亿元。与传统电力产业相比，海洋电力产业开发利用的时间比较短，开发规模和水平均具有较大的提升空间。目前，除潮汐发电、海洋风力发电外，其他海洋电力技术尚处于试验、中试阶段，尚未实现规模化商业开发。海洋风电在海洋新能源产业中技术最成熟、规模最大、发展最快，但是我国海洋风电发展主要集中在海岸陆上地区，真正在海上的风电场目前只有上海东海大桥海上风电场，江苏如东20万千瓦海上风电场、河北黄骅100万千瓦海上风电场等风电场也即将建成。据统计，各地规划建设的海上风电装机容量已达1 710万千瓦。我国海上风电业有望由此进入大规模商业化发展阶段。潮汐发电方面，从1958年起，我国陆续在广东顺德、东湾、山东乳山、上海崇明等地建立了几十座潮汐能发电站，目前尚在使用的有

8 座，其中浙江省温岭市乐清湾江厦潮汐试验电站装机容量最大，功率为 3 200 千瓦，是亚洲最大的潮汐电站。潮汐能发电潜力巨大，经过多年来的实践，在工作原理和总体构造上基本成型，可以进入大规模开发利用阶段，发展前景较为广阔。

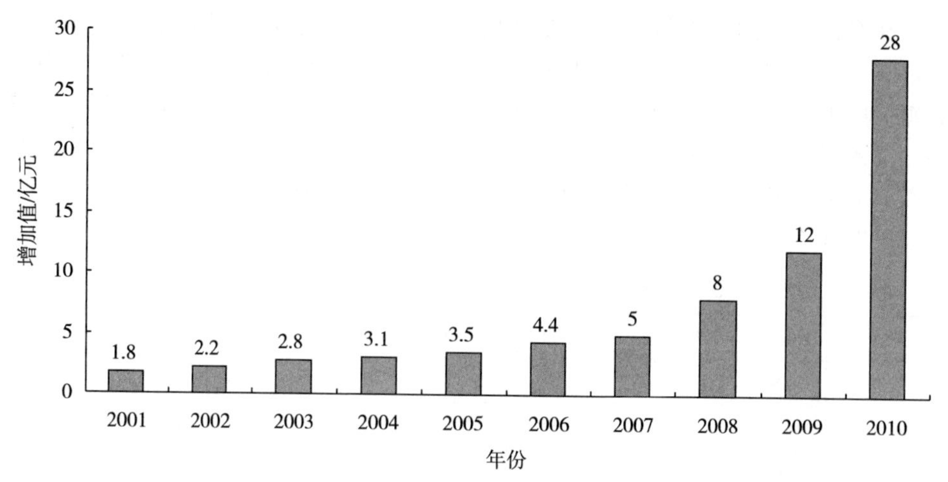

图 3-2 海洋电力业增加值年度变化

资料来源：国家海洋局．中国海洋经济统计公报，2001～2010

四、海洋油气产业

近年来，随着我国持续加大海洋油气勘探开发力度，我国海洋油气产业发展迅速(图 3-3)，在海洋经济中的比重越来越大，已经成为四大海洋支柱产业之一。近 10 年全国新增石油产量超过一半来自海洋，2010 年这一数字更是达到 85%。2010 年，我国多个海洋油气田陆续投产，海洋石油天然气产量首次超过 5 000万吨，取得历史性突破，2012 年实现增加值 1 570 亿元。需要指出的是，目前我国海洋油气开发主要集中在渤海、东海和南海近海，据报道，南海是世界四大海洋油气资源带之一，南海南部深水区至今没有实质性油气钻探。石油地质储量为 230 亿～300 亿吨，号称全球“第二个波斯湾”，油气资源潜力大，勘探前景良好。目前，中国海洋石油总公司已正式启动了深水油气的勘探开发战略，计划将在未来 10 年投入 2 000 亿元用于南海深海海域油气开发。此外，中国石油化工集团公司(简称中石化)正在对东海油气的深水开发做前期准备，中国石油天然气股份有限公司(简称中石油)在南海也有了区块，我国三大石油公司深海油气发展战略必将促进我国深海油气开发技术和能力的快速提升。“十二五”期间，深海油田勘探开发有望成为我国海洋油气产业的重点发展方向。

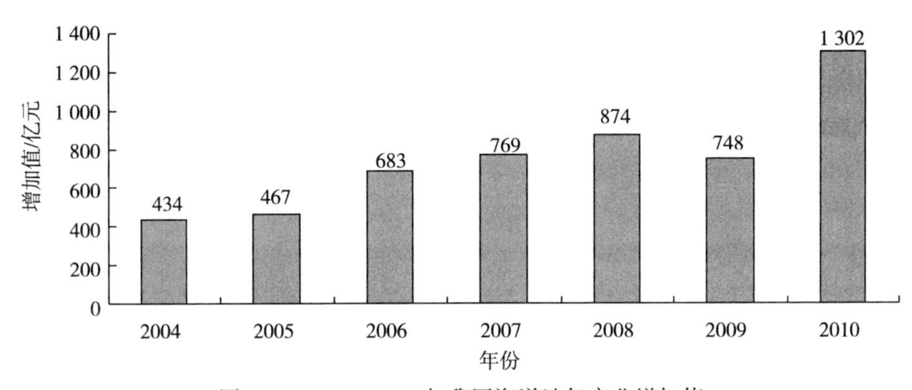

图 3-3　2004～2010 年我国海洋油气产业增加值

资料来源：国家海洋局．中国海洋经济统计公报，2004～2010

五、海水综合利用产业

我国海水综合利用始于 20 世纪 60 年代，尽管起步较早，但产业化发展进程缓慢。2007 年以后，海水利用技术产业化加快，目前海水综合利用业初具规模(图 3-4)。2009 年，海水综合利用产业增加值达到 15 亿元，2012 年为 11 亿元。目前海水综合利用主要是海水淡化和海水直接利用，2003 年国内最大的日产 5 000吨淡水的反渗透海水淡化示范项目在山东荣成建成投产，2007 年山东黄岛发电厂 2 套日产 3 000 吨的低温多效海水淡化示范工程也建成运行，据中国脱盐协会统计，到 2010 年年底，中国海水淡化的能力达到 64 万吨/日，相当于全球的 1%；海水直接利用中 95%以上是海水冷却用水，主要以海水直流冷却为主。目前，沿海地区工业冷却水已达一定规模，年直接利用海水总量超过 400 亿立方米，其中 90%为电力企业(尹娜，2009)。除了工业用海水外，海水作为国内市政及居民大生活用水也已进入试用阶段。目前，我国海水综合利用产业发展已经迈出第一步，但是整体规模较小，层次不高。海水淡化技术和核心设备自主率低，海水直接利用主要方式仍是水电联产，海水作为大生活用水进展缓慢。制约海水综合利用业发展的主要原因是经济技术成本过高造成的市场需求不足，但是随着沿海地区经济发展及居民生活水平的提高，淡水资源需求不断上升。随着技术的进步，成本也随之降低，海水资源综合利用发展潜力巨大。同时，作为生产生活的基础性产业，在短期内国家政策和资金支持对海水综合利用业发展具有十分重要的作用。

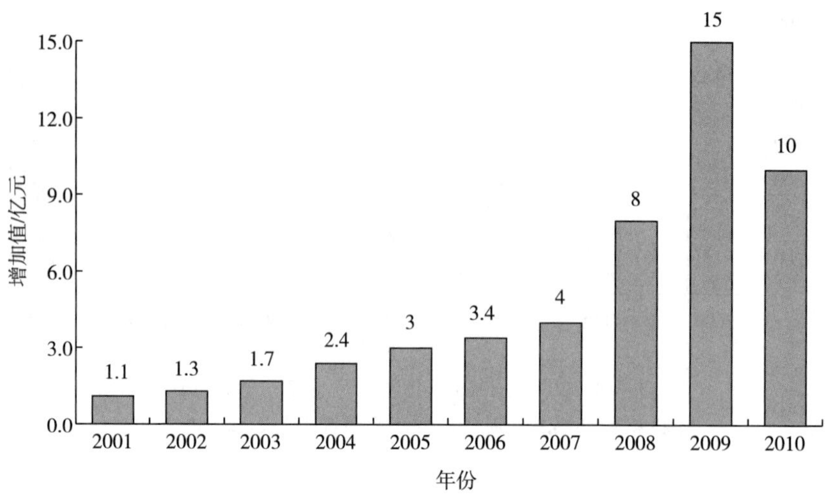

图 3-4 2001～2010 年我国海洋油气产业增加值

资料来源：国家海洋局．中国海洋经济统计公报，2001～2010

六、海洋装备制造工业

近年来，我国海洋船舶工业发展迅速，造船完工量及新承接船舶订单量大幅增长，已成为世界第二大造船国。2012 年实现增加值 1 331 亿元，造船出口额 392 亿美元，超越韩国成为世界最大的造船出口国。但是，在“量”不断增大的同时，我国海洋船舶工业发展的“质”并没有得到相应的提高，大型和特种船舶、大型船用发动机、游艇等高端船舶制造仍然处于起步阶段，主要核心技术受制于人。“十二五”时期是我国从造船大国向造船强国转变的关键时期，要重点发展超大型油轮、液化天然气船、液化石油气船、大型滚装船等高技术、高附加值船舶产品及船用发动机等配套设备，同时稳步提高修船能力。除了海洋大型特种船舶制造外，我国海洋高端装备制造业中的海上油气钻井平台设备制造初具规模。2011 年 5 月，我国首次自行设计、建造的第六代 3 000 米深水半潜式海洋钻井平台——“海洋石油 981”出坞，代表当今世界海洋石油钻井平台技术的先进水平，目前我国已拥有批量生产海洋钻井平台能力。与此同时，我国深潜器技术取得了重大突破，2010 年我国自主研发的“蛟龙”号载人潜水器顺利下潜至 3 759 米深海，使中国成为继美国、法国、俄罗斯、日本之后第五个掌握 3 500 米以上大深度载人深潜技术的国家。技术突破对我国深潜器制造商业化发展具有重大的推动作用，“十二五”期间，我国深潜器制造将会获得较快发展。同时，我们也要清醒地认识到我国在深潜器、深海油气钻井平台、大型海上漂浮式平台等高端海洋装备制造方面与欧美等发达国家存在的差距，依托自主创新，实现跨越式发展，对于我国海洋装备制造业发展乃至海洋开发能力提升具有十分重要的意义。

七、海洋物流业

海洋运输承担着我国南北物资交流和对外贸易运输的双重任务，是国民经济和社会发展的基础性、先导性产业，也是我国国民经济和对外贸易发展的晴雨表。沿海港口是海陆联运物流的重要节点，是我国经济社会发展的基础设施和对外开放的门户，是参与全球经济合作与竞争的战略性资源和区域经济发展的引擎。

近10年来，我国沿海港口吞吐量年均增速16.4%，平均每年增长约5亿吨，2010年达到65.1亿吨(含长江南京以下港口)。同期外贸吞吐量增速也达16.0%，2010年达到24.3亿吨，占港口吞吐量的37.3%。改革开放以来，我国港口建设高潮迭起，20世纪80年代存在的严重压船压港问题逐步得到缓解，基本能够满足国民经济发展需求。目前，全国南、中、北三大国际航运中心框架已初步形成：以香港、深圳、广州三港为主体的香港国际航运中心，以上海、宁波—舟山、苏州三港为主体的上海国际航运中心，以大连、天津、青岛三港为主体的北方国际航运中心。上海港、深圳港、宁波—舟山港、青岛港等重要港口的集装箱吞吐量高居世界前列，国际竞争力显著提高。

此外，港口集疏运体系基本形成。在集装箱运输方面，目前主要以公路为主，在全国港口集装箱集疏运量中占80%以上。近年来，国内港口开始注重铁路和水运集疏运方式的完善。例如，大连港为加强港口对东北腹地的辐射功能，率先提出了“公共班列经营人”的经营理念，并相继开通了至沈阳、长春、哈尔滨、延吉、吉林和满洲里的集装箱班列，大大促进了大连港海铁联运的发展。沿海主要集装箱干线港，如上海港、深圳港、天津港、宁波—舟山港等港口，也非常注重集疏运体系的完善和发展。一些港口正在积极探索港口物流发展的新模式，其中的典型代表有上海罗泾新港的“前港后厂”模式，以及通过“无水港”构建港口内陆物流服务网络的模式。

第四章

国外海洋战略性新兴产业发展的现状

一、海洋生物医药业

国际海洋生物医药业的发展始于20世纪60年代。在这一时期，科学家相继从海绵中发现了抗病毒药物阿糖腺苷(ara-A)；从河豚中发现了河豚毒素，确定了化学结构，完成了河豚毒素的人工合成研究；从加勒比海的柳珊瑚(*Plexaura homomalla*)中分离获得前列腺素15R-PGA2。这些重要发现都极大地激发了科学家对海洋生物次生代谢产物研究的兴趣。各国政府也开始加强对该领域的重视，切实加大了投入。从20世纪70年代起，各主要发达国家相继开展了大规模海洋药物筛选，发现了多种活性化合物；90年代起有多个海洋药物品种进入临床试验。从筛选海洋药物的功能来划分，20世纪60年代中期开始筛选抗肿瘤物质，70年代以后扩大到抗病毒、免疫抑制、强心、抗炎等物质的筛选，80年代以后对抗细菌、抗真菌的次生代谢产物研究范围明显扩大。

20世纪70年代以来，世界海洋生物医药研究进入了全面发展的阶段。各国政府和大型企业相继成立了多个海洋药物研究中心，全面开展了海洋生物抗肿瘤、抗病毒、抗真菌、防治心脑血管病、抗艾滋病等活性成分的研究。30多年来，大约有20 000种海洋生物次生代谢产物被发现，其中有重要生物活性并已申请专利的新化合物约300种。在已发现的这些化合物中，不仅包括陆生生物中已存在的各种化学结构类型，而且还存在很多特殊的新颖化学结构类型。尤其重要的是，一些国家从海洋生物中发现了一系列高效低毒的抗肿瘤化合物，其中有些已进入临床前或临床实验阶段。

海洋生物医药业还吸引了全球制药和生物技术公司的关注。例如，美国辉瑞公司(Pfizer Inc.)、美国礼来公司(Eli Lily and Company)、日本先达公司(Syntex)、法国赛诺菲安万特公司(Sanofi-Aventis)、英国葛兰素史克公司等一批大型医药企业都加入了海洋药物研发的行列，目前医药企业主要研发方向集中在新的海洋药物先导结构发现领域。在诸多医药企业中，近年来最为活跃、最具发展潜力的当数西班牙的PharmaMar公司。该公司成立于1986年，是西班牙Zeltia生物制药集团公司下属的专门开发海洋抗肿瘤药物的生物技术企业，有250名员工。公司主要从事海洋活性物质的采集、发现、鉴定、合成和测试等工作。据统计，1998～2007年，该公司的研究人员共发表有关海洋药物的论文149篇，在世界海洋药物研发机构中名列第二，也是前10名机构中唯一一个企业。10年间在科学引文索引(Science Citation Index，SCI)数据库收录期刊中发表海洋药物论文数量最多的10名科学家中，供职于该公司的有5名(蒋星和肖宏，2008)。目前，PharmaMar的研究人员与其他国家的研究机构合作，每年组织6～7次远洋考察，采集海洋生物样本，20多年来已经累计收集海洋生物样本42 000多个。他们从这些海洋生物中发现了抗癌化合物150个，其中14个为临床前候选化合物，5个在后期评价，4个在进行临床开发，1个化合物已获得上市许可(王普善，2006)。在这些化合物中，最有发展潜力的当属一种在加勒比海海鞘(*Ecteinascidia turbinata*)中发现的化合物ET-743。由该化合物制成的抗癌新药曲贝替定(Yondelis)已于2008年获欧洲药品评估管理局批准销售，专门用于治疗软组织恶性肿瘤，成为该公司第一个成功进入市场的海洋药物。专门从事海洋生物天然产物研究的还有美国夏威夷的Mera制药公司，其主要从事微藻天然产物的研究工作，旨在发现具有抗菌和抗真菌的化合物。日本新组建了海洋生物工程研究公司，以单细胞杜氏盐藻(*Dunaliella salina*)生产β-胡萝卜素，以海洋菌生产二十碳五烯酸(Eicosapentaenoic acid，EPA)，以水华束丝藻(*Aphanizomenon flos-aquae*)制取石房蛤毒素，以海洋细菌生产河豚毒素等(Haruko，1997)。总体来说，目前世界主要医药企业对生物医药的投入呈逐年增长态势。随着海洋生物医药业发展潜力的不断显现，海洋药物开发必将引起医药企业的更大关注，海洋生物医药业也必将在全球医药产业中占据更加重要的位置。

二、海洋渔业

由于人类社会发展面临着食品短缺、食品安全等现实问题，海洋生物资源开发一直是世界各国的重要发展领域和竞争热点。世界发达国家都相当重视发展远洋渔业，特别是大洋性渔业。传统的远洋渔业主要包括金枪鱼延绳钓、金枪鱼围网、大型拖网、鱿鱼钓、秋刀鱼灯光敷网等作业方式。近年来，南极磷虾资源开发利用成为国际远洋渔业的一个热点。南极磷虾的试捕勘察始于20世纪60年代初期，20世纪70年代中期即进入大规模商业开发，1982年达历史最高年产，近

53 万吨，其中 93%由苏联捕获。1991 年之后，随着苏联的解体，磷虾产量急剧下降，年产量在 10 万吨左右波动，其中约 80%由日本捕获。近年来，在捕捞技术取得突破后，磷虾渔业正在进入第二轮发展高潮。挪威和俄罗斯采用泵吸技术，捕获的磷虾由吸泵经传输管道送至船上，使得磷虾捕捞省去了传统的起放网生产作业程序，大大提高了磷虾捕获的质量。近年来，该渔业又呈上升趋势，2010 年达到 21 万吨，新一轮磷虾开发高潮正在形成。目前，出于对磷虾渔业快速发展的预期以及对南极变暖的担心，南极海洋生物资源保护条约国(Convention on the Conservation of Antarctic Marine Living Resource，CCAMLR)中的生态与环境保护派极力推动加强对磷虾资源的保护，针对磷虾渔业的管理措施越来越严格，同时要求捕捞国承担更多的科学研究责任与义务。

国外海洋渔业另一个发展趋势是水产增养殖业成为海洋经济新的增长点。长期以来，人类对海洋生物资源掠夺性的开发，造成了海洋生物资源严重衰退。20 世纪 90 年代以来，全世界 17 个重点渔区中已有 13 个渔区处于资源枯竭或产量急剧下降状态。目前，国际社会对海洋生物资源增殖放流给予了高度重视。日本、美国、俄罗斯、挪威、西班牙、法国、英国、德国等先后开展了增殖放流工作，某些放流鱼类回捕率高达 20%，人工放流群体在捕捞群体中所占的比例逐年增加。在近海建立“海洋牧场”也已经成为世界发达国家发展渔业、保护资源的主攻方向之一，它们通过人工鱼礁投放、海洋环境改良、人工增殖放流和聚引自然鱼群，从而提高海域生产力。各国均把海洋牧场作为振兴海洋渔业经济的战略对策，投入大量资金，开展人工育苗放流，恢复渔场基础生产力，取得了显著成效。

与此同时，水产养殖业受到了越来越多的国家的重视。在过去几十年间，水产养殖业得到了持续发展，产量从 20 世纪 50 年代的不到 100 万吨，发展到 2011 年的 6 270 万吨。2011 年的产量比 2010 年又上升了 6.2%，产值约 1 300 亿美元。目前，世界水产养殖产量占到了世界渔业总产量的 40.1%。

三、海洋新能源产业

20 世纪 70 年代两次石油危机以来，各能源消费国加大了对可再生能源开发的重视，海洋新能源作为可再生能源的重要组成部分，得到了快速发展。目前，世界各国主要利用潮汐能、海洋风能发电的形式来开发利用海洋能源。

潮汐发电始于欧洲，20 世纪初，德国和法国已开始研究潮汐发电。世界上最早的潮汐发电站当属德国 1912 年建成的布苏姆潮汐电站。法国于 1966 年在希列塔尼米岛建成一座最大落差为 13.5 米、坝长 750 米、总装机容量 24 万千瓦的朗斯河口潮汐电站，年均发电量为 5.44 亿千瓦时，是世界上第一座大型潮汐电站，该电站的建设标志着潮汐发电进入了商业开发阶段。之后，美国、英国、加拿大、苏联、瑞典、丹麦、挪威、印度等国都陆续研究开发潮汐发电技术，兴建各具特色的潮汐电站。潮汐能发电是一项潜力巨大的事业，经过多年来的实践，在工作原理和总体构造上基本成型，具备大规模开发利用的条件。近30年来，潮汐电站建设的低潮与国际能源价格长期走低有关。在煤炭、石油等化石燃料价格较低的情况下，潮汐发电与火力发电相比在经济上不具竞争力。欧美国家反建坝运动的兴起也限制了潮汐电站建设的大规模开展。2003年以来，国际能源价格急剧攀升，潮汐发电的优势在不断增加。未来，随着中国、印度等发展中国家经济的快速发展，对能源的需求持续加大，从长期来看，石油等常规能源供给难以满足经济发展需要。加之全球气候变暖的形势日趋严重，对化石燃料使用的限制越来越严格，这都为潮汐电力业的发展创造了有利条件。

波浪能发电是继潮汐发电之后发展最快的一种海洋电力形式。早在一个多世纪以前，人类就开始对波浪能利用进行研究，但主要集中在波能转换装置方面。直到20世纪70年代后，波浪能发电技术才进入实际利用阶段。目前，日本、英国、美国、德国、加拿大、中国等都在不断加强对波浪能发电技术的研发，其中日本、英国、挪威等国开发利用的水平较高。波浪能发电装置多用于航标灯、浮标的小型发电装置。据估计，全世界正在运转的波力发电装置约有数千座，仅日本就有1 500多座，中国有500多座。当前，波浪能发电在成本方面还无法与常规能源抗衡，技术也不甚成熟，大规模开发利用正在探索尝试阶段。但在一些不便于使用常规能源的条件下，如在海岛和海上设施的电能供应方面，波力发电已经开始发挥重要作用。

目前，风能已经成为开发最广泛、发展速度最快的新能源之一。据世界风能协会统计，2012年装机容量已达2.82亿千瓦，近15年的平均增速超过20%。海洋风电产业在20世纪90年代以后才开始兴起。英国、爱尔兰、德国、丹麦、瑞典、荷兰等欧盟国家走在了海洋风电领域的前列。美国和加拿大的海上风电场建设起步较晚，但发展很快，计划建设的项目较多。按照欧洲的经验，受海上风电场较高的建设和运营成本影响，即使将海上风机利用小时数高于陆地20%～40%的因素考虑在内，其相应的发电成本也要较陆上风电提高2～4欧分/千瓦时。欧洲风能协会对海上风电和陆上风电的成本进行比较后得出结论：海上风电成本比陆上高出30%左右，如果再考虑海底电缆输电等费用，海上风电可能高出陆上50%。因此，海上风电场的经营效益受政策影响很大。近年来欧洲海上风电的迅速发展，与其一系列配套政策支持和财政补贴是分不开的。

四、深海油气和矿产产业

石油是世界最重要的能源矿产，2011年世界石油消费占世界一次能源消费总量的33.1%(British Petroleum，2012)。1980～2011年，世界油气资源探明可采储量呈上升趋势，其中海洋油气资源探明储量大幅提高，成为推动世界油气资源探明可采储量上升的重要因素。近年来，海洋油田勘探从浅水走向深水，深海油气勘探不断提速，深海油气探明储量不断增加。全球近10年发现的大型油气田中，海洋油气田已占60%以上，特别是水深500～1 500米的深海油气勘探，已成为多数海洋油气经营者重要战略资产的组成部分，深水是未来世界能源的主要接替区。近年来，深水油气勘探开发投资年均增长达到30%。20世纪90年代以来，全球发现了近百个深水油气田，其中亿吨级储量规模的超过30%。据《油气杂志》统计，截至2006年1月1日，深海油气探明储量约为100亿吨油当量，主要分布在美国墨西哥湾、巴西海域、西非海域和北海，被称为深水油气勘探的“金三角”。这3个地区集中了当前大约84%的深水油气钻探活动，其中墨西哥湾最多，占到32%，巴西次之，占30%，第三为西非，它们集中了全球绝大部分深水探井和新发现储量。此外，北大西洋两岸、地中海沿岸、东非沿岸及亚太地区都在积极开展深水勘探活动。Douglas-Westwood公司在《2005—2015世界海洋油气预测》中介绍，2004年海洋石油和天然气的10%和7%分别来自深水区，而2015年这个比例将分别增长至近25%和12%。

深水油气勘探活动具有高成本、高技术、高风险和高回报的特点，正是深水油气勘探储量规模大、产能高形成的高回报特点才促使人们不断地向深水发起挑战。1998年以来，深水油气勘探开发的平均成本呈下降趋势，深水油气勘探开发项目的综合成本与浅水项目越来越接近。随着科技的进步和深水油气实践经验的积累，水下油气生产系统新技术也在以前所未有的速度不断涌现：2003年水下生产新技术有2 100多套，到2007年已经达到5 700多套。随着技术的进步，深海油气资源勘探开发必将进入全新跨越式发展的阶段。目前，主导深海油气开发的主要是欧美跨国石油集团，英国石油公司(British Petroleum，BP)、巴西石油公司和荷兰皇家壳牌石油公司居于领军位置。2002年年初，BP的深水油田资产价值超过240亿美元，超深水油气田的资产主要为五大跨国石油公司和巴西石油公司所拥有，大的跨国石油公司依靠雄厚的资金、丰富的管理经验和先进的勘探开发技术，今后仍将是深水油气勘探开发的主力军。

目前，世界范围内深海矿产仍处在技术研发与矿产勘探阶段，很难确定何时能进入规模化的产业开发阶段。尽管一些国际财团和大型矿业公司对少数深海矿物资源，包括锰结核、多金属硫化物等进行了商业化试开采，但受到当前国际市场矿产价格和开发成本的制约，短期内市场化开发前景并不乐观，但潜力巨大，远景广阔。目前，国际上知名的深海大洋矿产资源开发国际财团及其成员和子公司包括：由加拿大、德国、美国和日本公司组建的海洋管理公司；德国的海洋资源开采技术协会；美国的海洋矿产公司；美国、比利时、意大利公司组建的海洋矿业协会；英国、加拿大、日本公司组建的肯尼科特财团；德国的基本勘探技术装置研制集团和日本的深海研究和开发有限公司(牛京考，2002)。这些公司在20世纪70～80年代对深海矿产资源进行了多次试采活动。

世界现已探明多金属硫化物矿将近200处，其中有11处可能具有足够的储量和等级来进行产业化开采。20世纪90年代后期，美国深海矿业公司与几个主要美国矿业公司一起开始在世界范围内进行与多金属硫化物开采相关的开发活动。世界上第一个深海多金属硫化物开采许可证于1997年由巴布亚新几内亚政府颁发给澳大利亚鹦鹉螺矿业公司。该公司于2009年在巴布亚新几内亚专属经济区内水深约1 700米的海底进行多金属硫化物开采作业。目前该公司已经获得约15 000平方千米矿区的勘探执照，其中含有许多硫化物矿场，其中一个矿化带样品中含铜15%、锌3.4%，而且每吨矿物中含金22克，产业开发前景光明。2006年，该公司又提出了总面积约17万平方千米的海区勘探申请，并和世界第二大采掘公司比利时Jan De Nul公司达成了建造特种深海采矿船，以及合作进行海底采矿的协议。2000年，另一个澳大利亚公司海王星资源集团也获得了新西兰政府的开发许可，在新西兰北岛近海的哈维尔海沟进行开发(International Seabed Authority，2004)。

在多金属结核与结壳开发方面，尽管多金属结核最早被人们发现并进行了试验性开采，但目前认为多金属结核开发属于低回报、高技术风险投资，需要等待金属价格攀升和开采技术革新后才有可能实施产业化开发。2001年，国际海底管理局签署合同，批准包括中国大洋协会、俄罗斯南方地质生产协会、法国海洋研究开发院、日本深海资源开发公司、韩国海洋研究院和国际海洋金属联合组织在内的6个先驱投资者在位于斐济和中美洲之间的太平洋克拉里昂-克利帕顿区(C-C区)海域获得了15年的开发权，另一个先驱投资者印度地球科学部被授予在中印度洋海盆的多金属结核开发权。此外，德国也于2006年获得了深海多金属结核的开发权。目前，这些国家都在积极准备深海多金属结核与结壳的勘探与试验性开发工作，但距离商业化开发都还存在一定的距离(International Seabed Authority，2004)。此外，在天然气水合物开发领域，一个包括日本、加拿大、美国、印度和德国在内的国际财团已于2003年在加拿大西北部的Mackenzie三角洲开始利用天然气水合物生产天然气。目前，日本在天然气水合物开发上的投入最大，已经接近商业化生产阶段(Pentland，2008)。日本经济产业省曾于2001年7月发布了一个为期18年的“可燃冰开发计划”，其第一阶段已于2008年结束，成果主要是确认相关海域蕴藏大量的可燃冰以待开发；从 2009 年至今正处于第二阶段，其最主要目标活动是进行生产试验。2013 年 3 月，日本宣布成功从近海地层蕴藏的可燃冰中分离出甲烷气体，标志着日本可燃冰开采商业化迈出关键一步，从而为 2016～2018 年度第三阶段的商业化开采做了技术基础铺垫。

五、海水综合利用产业

进入 21 世纪，随着世界水资源危机的加剧，一些缺水地区的淡水供给日趋紧张，寻找新的淡水资源成为这些地区所面临的严峻挑战，海水作为一种淡水替代性资源越来越多地受到重视。美国、日本等一些缺水的经济发达国家都把海水综合利用作为未来潜在的水与矿产资源予以高度重视，制定了专门的海水利用规划，并出台了一系列相应的配套措施，由政府投入巨资进行前期研究开发论证工作。早在 1952 年，美国政府就发布了《苦咸水转化法》。1996 年，美国国会又通过了《水淡化法》，进一步加强了海水资源的综合利用管理(National Research Council of the National Academy，2008)；在严重缺水的中东地区，以色列政府于 2000 年发布了一项海水淡化利用规划，计划在 5 年内实现年产 4 亿立方米淡水的海水淡化产能，并同时发展当地的苦咸水淡化系统(Lokiec and Kronenberg，2003)；而在澳大利亚，其海洋发展战略中明确把海水淡化作为一个重要的新兴产业来对待，认为一旦技术障碍得以突破，将具有很大的产业发展优势(国家海洋信息中心，2003)。

国际海水综合利用产业以海水淡化为主。早在 1928 年，荷属安第斯群岛就建成了世界上第一个海水淡化装置。1938 年，沙特阿拉伯建立了商业化运营的海水淡化厂。自 1960 年开始，全球淡化水生产能力呈现出指数增长，到 2007 年已超过 4 700 万立方米/日，包括用于市政、工业、农业、能源、军事和演示项目的海水和半咸水淡化(图 4-1)(National Research Council of the National Academy，2008)。随着海水淡化技术的发展和社会需求量的加大，世界海水淡化产业规模在不断扩大。目前，世界近半数有淡化能力的国家分布在中东地区，对于沙特阿拉伯、阿联酋和科威特等国家而言，海水淡化是一种重要的和可依赖的淡水资源。世界上现有最大的海水淡化设施就位于阿联酋的 Fujairah，其日产量达到 45.6 万立方米；另外，在中东地区还有 5 个日产能超过 50 万立方米的淡化厂正在建设中，其中最大的要属位于沙特阿拉伯 Shoaiba 的日产淡水 88 万立方米的 3 台淡化装置，而首个日产 100 万立方米淡水的淡化设施预期也将在沙特阿拉伯实现(International Desalination Association，2008)。

在海水直接利用方面，工业冷却用水占有绝对主导地位。世界上海水直接利用量的 90%用于冷却水，几乎所有的沿海国家都采用海水作为冷却水，在一些

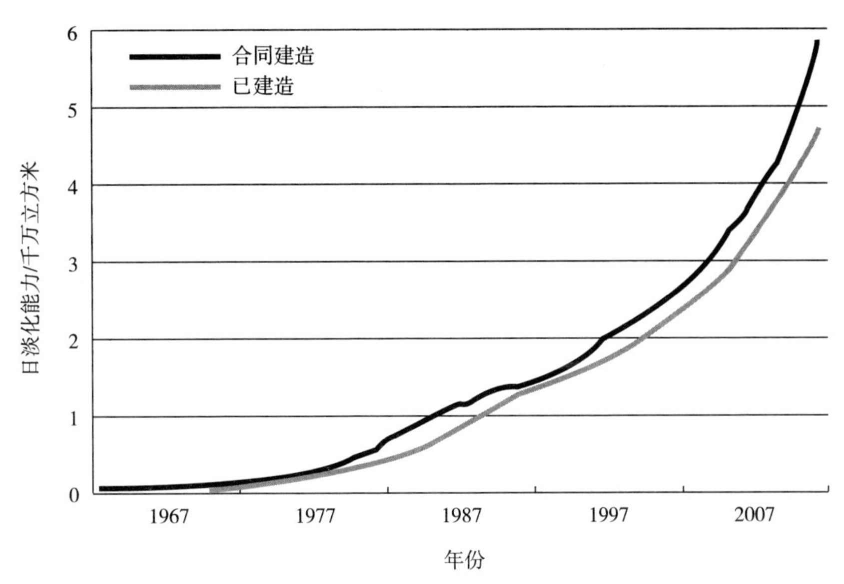

图 4-1　世界海水淡化产能发展变化趋势

资料来源：International Desalination Association(2008)

国家和地区占沿海工业总用水量的 40%～50%，已成为世界沿海地区工业用冷却水的主要替代水源。日本早在 20 世纪 30 年代就开始使用海水作为工业冷却水。日本沿海的大多数火力发电、核电、冶金及石油化工等行业都在以不同形式利用海水，仅电力企业每年的海水利用量就达到 1 000 亿立方米；美国在 80 年代初的工业冷却用海水总量就已达到 720 亿立方米，目前 30%左右的工业用水为海水。英、法、荷、意等西欧国家 2000 年的工业用海水量也达到 2 500 亿立方米左右(籍国东等，1999)。

而在海水化学元素利用方面，主要以海水溴、钾、镁和铀提取为主。其中，全球海水提溴产量已达到 50 万吨，美国、日本、英国、法国、西班牙、以色列以及中国等国家的海水提溴已实现批量化生产；海水提镁也已形成一定规模，目前全球有 20 多家大型海水提镁厂，包括硫酸镁、氯化镁和氢氧化镁在内的镁产量超过 1 000 万吨，主要分布在美国、英国、日本、法国、意大利、以色列、荷兰及墨西哥等国(高从堦，2005)。

六、海洋高端装备制造业

具有高科技含量大型特种船舶是海洋高端装备制造业发展的重要领域。韩国、日本通过坚持高端船舶品种的开发，依托核心技术优势，在世界高端船舶制造业中占据统治地位，牢牢把握住了高技术船舶的市场订单。韩国造船企业以承接高技术、高附加值船舶著称，2007 年几乎包揽了全部超大型集装箱船的订单；2007 年前三季度，日本在液化石油气（liquefied petroleum gas，LPG）船和冷藏船市场优势明显，两船型新船订单量分别占全球新船订单总量的 52%和 100%。

随着世界海洋油气开发等的不断推进，海洋油气开发设备等海洋工程设备成为海洋高端装备制造业的重要内容。放眼世界海工装备市场，50%以上的市场份额在北美，日本、韩国也逐步具有了海洋工程产品建造的总承包能力；新加坡获得众多欧美及第三世界各类石油钻采平台的加工制造权；英、法等欧洲国家已经成为海工技术研发的先行者和领头羊。海洋油气开发装备主要包括深水半潜式钻采平台、深水钻井船、张力腿平台（tension leg platform，TLP）、自升式平台、浮式生产储卸油系统（floating production storage and offloading，FPSO）钻采平台以及钻机、钻井泵、井控设备、固控设备、井口钻具、井下动力钻具和仪表、完井系统、油气水分离处理系统等配套设备。在海洋油气开发设备技术上，美国、日本和一些欧洲国家具有领先优势。美国在平台装备的钻井、井控、固控等设备及海底完井设备的生产技术上领先，英国和挪威在动力定位技术、钻机顶部驱动技术方面具有优势，法国的高压石油软管制造技术、半潜式、自升式平台建造技术等著称于世。意大利的海上铺管技术和管线涂敷技术、瑞典的动力定位铺管技术、荷兰的大吨位海上浮吊技术和海底工程地质调查技术、德国的石油钻井设备制造技术和仪器仪表技术均可谓称冠于世界。2007 年 11 月，巴西石油公司成功研发出一种名为“海底离心泵系统”的海底原油开发技术，不仅可使深水重油开采量提高近 140%，还可延伸到传统技术无法触及的小型、边缘和深水域油气田。

深海探测和开发设备方面，日本、美国、法国等国家的技术居于世界领先水平。日本在深海技术设备方面取得了许多科技突破，水下技术更是处于世界领先水平，主要开发了深海取样设备、水中释放器、水下传感器、水下电机等深海矿产资源开采相关联的先进产品。深潜器计划是日本深海资源开发和水下技术的重点，日本投入巨资支持水下技术中心发展。该中心研制的无人遥控潜水深度达到 11 000 米，是目前世界最高纪录。美国在深海矿产资源开采的测控技术、设备制造技术、材料技术等单项技术方面具有领先优势，其研发的深海矿产开发设备包括作业深度达 5 000 米深海岩心机、可用于 7 000 米水深作业的海底机器人、1 000米水深机器人通信控制系统以及图像声呐产品等。法国在深潜器技术方面具有优势，1983 年法国研制了自动潜水采矿艇，该艇由海面遥控，装满压载物下潜到海底集矿，边集矿变排卸压载物，装满结核后上升到海面半潜平台卸矿。但由于该系统产值低，于 1983 年放弃，但在这一期间，法国研制了 PLA-2 型 6 000米无人深潜器以及集矿机螺旋行走机构和采集机构，为集矿机的研制奠定了基础。1984～1999 年，法国开始管道扬矿系统的研究，一些大的公司合作对采矿系统的关键技术进行研究，在集矿机、扬矿泵送系统、海面采矿船的研制方面取得了丰硕成果。

七、海洋物流业

港口在整个物流供应链中扮演十分重要的角色。近年来，国际主要港口发展主要呈现出以下特点。

一是以大型深水港为核心的物流体系发达。以荷兰鹿特丹为例，该地区以鹿特丹港为枢纽，建成了四通八达的海陆疏运网络：高速公路与欧洲的公路网直接连接，覆盖了欧洲各主要市场；铁路网与欧洲各主要工业地区相连，直达班列开往许多欧洲主要城市；水上内河航运网络与欧洲水网直接联系。鹿特丹港已成为储、运、销一体化的国际物流中心，通过保税仓库和货物分拨配送中心进行储运和再加工，再通过海陆物流体系将货物运出。依托发达的集疏运网络，优化临港经济发展模式。

二是港口运营管理模式不断创新。欧洲鹿特丹港和安特卫普港都采用"地主港"模式，即政府委托特许经营机构代表国家拥有港区及周边一定范围的土地、岸线及基础设施的产权，进行统一开发。以租赁方式把港口码头租给国内外港口经营企业或船公司经营，实行产权和经营权分离。特许经营机构收取一定租金，用于港口的滚动发展。这种模式的主要优点是管理部门和经营业主之间的职责划分清晰、定位明确，为港口物流的健康发展提供了良好环境。德国汉堡港采用了"自由港"模式。"自由港"是指设在国家和地区境内、海关管理关卡之外的允许境外货物、资金自由进出的港口区。汉堡港给予客户大量的优惠政策支持，对进出汉堡自由港的船只和货物给予最大限度的自由，全面带动了金融、保险等第三产业的发展，促使汉堡成为德国的金融中心之一。

三是信息化水平成为衡量港口竞争力的重要标志。比利时的安特卫普港设计建立了两套高效的现代化电子数据交换系统，即信息控制系统和电子数据交换系统。港务局利用信息控制系统引导港内和外海航道上的船舶航行，私营企业则利用电子数据交换系统来进行信息交换和业务往来。电子数据交换系统还与海关的服务网络系统以及铁路公司的中央服务系统并网，从而为广大客户提供一体化的综合信息服务，提高了海陆物流联运效率。新加坡政府建成了 Tradenet、Portnet、Marinet 等公共电子信息平台，形成了完善的信息服务系统，为港口物流相关的用户提供船舶、货物、装卸、存储、集疏运等各类信息，全面实现了无纸化通关，达到了为每位客户"量身定做"的服务水准，吸引了大量的港口物流货源。

八、海洋环保产业

目前，海洋污染问题越来越严重，对海洋生态系统健康造成了很大影响，从而引起了国际社会的高度重视。2011 年，美国国家海洋和大气管理局(National Oceanic and Atmospheric Administration，NOAA)与联合国环境署(United Nations Environment Programme，UNEP)联合发布了“檀香山战略”(Honolulu Strategy)，提出了各国在防治、监控、管理海洋垃圾方面应遵循的一般指导原则。其中包括：控制陆源生活、生产垃圾，削减入海通量；实施河道清扫、拦截工程，防止垃圾入海；使用环境友好和可生物降解的替代性材料，从源头削减、控制垃圾进入海洋；实施海洋垃圾监控、收集、循环利用的系统工程等。

由于海洋垃圾治理成本高昂，因此，海洋垃圾收集、处理需要从国家层面制定有效措施。例如，韩国海事与渔业部(后改称韩国国土、运输和海事部)启动了一个全国性的海洋垃圾污染控制工程，包括四个方面：海洋垃圾的削减，深水区海洋垃圾的监测，海洋垃圾的收集以及海洋垃圾的处理(循环利用)。在此工程的实施中，韩国发明了多种工程技术手段，如在海面上建立了漂浮型的垃圾拦截坝、安装了深海海底渔具监测设施、制造和使用多功能海洋垃圾回收船舶、发明了直接利用废弃物生产燃油的工艺，研究出多聚苯乙烯浮标的处理技术，建立了直接热融处理系统来处理废弃的玻璃纤维强化型塑料容器、发明了特殊的海洋垃圾焚烧技术等。

近年来，海洋溢油事故频发，引起了沿海国家、国际社会和联合组织对海洋环境保护的普遍关注。2002 年，日本“威望”号油轮泄漏原油 1.7 万吨，污染西班牙 400 千米海岸线，西班牙、法国等 10 个国家采取了应急措施，索赔费用数亿欧元；2010 年，BP 在墨西哥湾租用的钻井平台爆炸起火，引发了约 9 亿升原油外泄，污染 1 600 多千米沿岸海滩，严重破坏了生态环境，该公司损失 140 亿美元。面对这些海上突发性的污染事故，有关国家均建立了相应的应急体系，主要包括：①利用卫星和航空遥感图片快速识别溢油环境敏感资源；②敏感资源时空分布的快速数值化；③地理信息系统(geographic information system，GIS)环境敏感资源图与溢油模型快速动态耦合；④溢油污染快速评估与风险预警。发达国家地面应急反应中心装备有决策支持系统、报警系统、溢油漂移预报系统、各种油品化学成分及危害数据库、清污救助材料/设备性能及存货数据库、地理信息系统、溢油应急反应能力评估系统、污染损害评估系统、大屏幕显示综合指挥系统等，采用无线通信系统技术实现地面溢油应急反应中心与海巡飞机和海上作业船舶之间的可视化信息通信，依据海巡飞机的报告，快速生成救助、清除方案，指挥清污船快速、准确地进行多项海上溢油清污技术的集成式清污作业。

第五章

海洋战略性新兴产业发展的国际经验借鉴

近20年来，主要沿海国家高度重视海洋经济发展，逐步形成了各具特色的海洋产业发展模式。基于不同的地缘资源条件、经济社会基础以及价值导向要求，各国对海洋新兴产业的选择与培育各有侧重。

一、美国

美国是当今世界的海洋大国，拥有22 680千米以上的海岸线，海洋科技发展与海洋管理一直处于世界领先地位。丰富的海洋生物资源，为美国提供了丰富的食物、工业原料、医疗保健新药，对美国国家安全、经济发展、社会进步具有重要的保障作用。

美国历来重视海洋产业的发展。1986年，美国率先制定“全球海洋科学规划”。进入21世纪，其进一步加快发展海洋产业的步伐，2000年通过了《海洋法》，2004年9月提出了《21世纪海洋蓝图》，同年12月公布了《美国海洋行动计划》，2007年发布了《规划美国今后十年海洋科学事业：海洋研究优先计划和实施战略》和《21世纪海上力量合作战略》。在经费投入方面，美国在1996～2000年5年间投入海洋科研经费达110亿美元，使其海洋产业在世界范围内占有举足轻重的地位。美国的海洋产业主要有海洋油气、海洋渔业、海洋风电、海水淡化、滨海旅游、海洋药物等。

美国沿海海域石油和天然气储量丰富，2006年的调查资料显示，美国领海海域内埋藏的石油资源可采量约为1 150亿桶，其中包括备受关注的世界四大深海油区之一的墨西哥湾，2003年年底的统计显示，该油区储油量达115亿桶。目前，美国海洋石油和天然气年产量分别为5 000万吨和1 300亿立方米，年创产值200亿～260亿美元。海洋原油生产能力占美国总原油生产能力的22%，海洋天然气占27%。

美国国土两侧的太平洋和大西洋沿岸风力资源丰富，如果将这些风力充分用于风力发电，可生产19亿千瓦电力。美国早在1939年就提出了盐(温)差能发电的设想，并于1979年成功地开发出海洋温差发电系统。因此，美国海洋电力业拥有很强的国际竞争力。

美国大约25%的工业冷却用水直接取自海洋，年用量约1 000亿吨。在海水淡化方面，美国最早于1952年首先开发了电渗析盐水淡化技术，继而在20世纪60年代初，又开发了反渗透淡化技术。在海水淡化装置的制造国中，美国大约占了30%的市场份额。2004年，美国颁布了《脱盐电价优惠法》，规定能源部应对海水淡化厂提供0.16美元/吨水的直接补贴，或签订协议，明确补贴总额。

美国重视海洋药物的研制。每年用于海洋药物科研经费为5 000多万美元，每年有1 500个海洋产物被分离出来，其中1%具有抗癌活性，目前已有10种以上海洋抗癌药物进入临床或临床前研究阶段。美国研制出的鳖鱼软骨提取物制剂既能克服放、化疗引起的副作用，还能有效增强患者免疫力。

二、日本

日本是一个群岛国家，由四国、九州、本州、北海道四个大岛和3 000多个小岛组成，海岸线总长33 000多千米，200海里专属经济区总面积为480多万平方千米。海洋资源丰富，陆地资源匮乏，因此，日本的经济和社会生活高度依赖海洋。日本历届政府的国策和经济发展目标都与海洋息息相关。

早在1968年，日本就出台了《日本海洋科学技术计划》。2000年制定了《日本海洋开发推进计划》和《2010年日本海洋长期规划》，提出利用科技加速海洋开发和提高国际竞争力战略。2004年，日本开始发布《海洋白皮书》。2007年4月，日本颁布了《海洋基本法》。随着海洋经济地位的不断提高，日本的海洋开发正向全方位推进。目前已形成近20种海洋产业，其中滨海旅游业、港口及运输业、海洋渔业和海洋油气业这四种海洋产业约占海洋产业总产值的70%。

海洋油气业是日本海洋经济的重要支柱之一，在经济发展中占有重要地位。20世纪60年代是日本原油产量的最高时期，年均产量为72万吨，但受储量和技术限制，油气开采远不能满足经济发展需要；2000年降到60.4万吨。日本99%的油气依赖国外进口。近年来，日本海洋油气业的发展呈现出开采、进口、储备齐头并进的态势。日本政府曾考虑向俄罗斯提供约90亿美元，以建造一条源自西伯利亚油田的输油管道，但由于高昂的铺设成本，西伯利亚石油开采量又不如预期，因此石油管道迟迟没有铺设。为解决油气需求，在1989年，日本就提出建立国家石油储备5 000万吨的目标。至2006年年底，日本政府拥有的石油储备量可供全国消费 92 天，民间储备可供 79 天，加上流通库存，日本已拥有全国半年以上的石油储备。

日本工业冷却水用量的 60%来自海水，每年高达 3 000 亿吨。日本把海水淡化供水工程作为公益工程对待，其中最大的冲绳岛反渗透海水淡化厂就是由中央政府和地方政府分别出资 85%和 15%建成的，日产淡水 4 万立方米。在海水淡化装置的制造国中，日本大约占了 30%的市场份额。在应用海水作热泵冷热源方面，日本在 20 世纪 90 年代初建成的大阪南港宇宙广场区域供热供冷工程，就是利用海水为 23 300 千瓦的热泵提供冷热源。

日本拥有丰富的波浪能资源，沿海的波浪可利用能量约 2 000 万千瓦，可满足国内能源总需求的 1/3。早在 1965 年，日本就研制了世界上第一个海浪发电装置，用于航标灯供电。至今，日本已建造 1 500 多座海浪发电装置。在海洋温差能研究开发方面，日本的投资力度很大，在海洋热能发电系统和换热器技术方面领先于美国，至今共建造 3 座海洋温差试验电站。为应对地球温室效应，日本于 2003 年制订了一项海洋风电计划。为促进海洋风力能源的普及，该计划以低息贷款大力扶持民营企业建设风力发电设施。

日本也非常重视海洋生物药物的研究。据悉，日本海洋生物技术研究所及日本海洋科学技术中心每年用于海洋药物研究开发的经费约为 1 亿美元。海洋生物技术研究所研究发现，27%种属的海洋微生物具有抗菌活性。

三、英国

英国是大西洋上的一个岛国，海岸线曲折，总长约 18 835 千米，由大不列颠岛、北爱尔兰岛及周围诸多小岛组成，得天独厚的地理环境，造就了英国丰富的海洋资源，因而使其成为海洋产业历史悠久的国家。20 世纪 90 年代，英国发表了《海洋科技发展战略规划》，提出优先发展对海洋开发具有战略意义的高新技术。进入 21 世纪，英国政府公布了海洋责任报告，把利用、开发和保护海洋列为国家发展的重点和基本国策；2005 年出台了《海洋法》。目前，英国主要海洋产业包括海洋油气业、海洋渔业、海洋能源业和滨海旅游业。

英国自北海油田开发以后，由石油进口国一举成为出口国，该采油区的技术水平已成为世界一流，钻井成功率达 20%～50%。2004 年，海洋石油产出 7.25 亿桶(bbl)，天然气为 950 亿立方米。联合国《能源统计年鉴》显示，2006 年，英国石油出口量达 44 923 千吨，世界排名第 15 位。

英国具有世界上最好的波浪能资源。在 20 世纪 80 年代初，英国已成为世界海浪能源研究应用的中心；2000 年，成功建成世界上第一个波浪发电厂，生产能力为 500 千瓦，可供 400 户家庭用电。2008 年，英国科学家发明了独特波浪发电装置("水蟒")。试验表明,每个装置最多可产生1 000千瓦的电能,可满足数百个家庭的日常用电需要。同年,世界首台商业化应用的潮流发电机(SeaGen)在英国诞生。英国碳基金公司估计,利用潮汐能和波浪能发电,将能满足英国国内20%的电力需求。在2001年,英国只有两台海洋风力发电机。预计至2020年,英国政府将兴建7 000个新的涡轮机用于风力发电。

四、澳大利亚

澳大利亚四面环海,东临太平洋,西临印度洋,海岸线总长34 218千米。澳大利亚不仅海域广阔、海洋资源丰富、海洋生物多样性独特,而且海洋科研力量雄厚,海洋资源管理模式世界领先。海洋产业是澳大利亚经济增长最快的产业之一,年均产值约为400亿澳元,超过农业对经济的贡献。

1997年,澳大利亚开始实施《海洋产业发展战略》,1999年出台了《澳大利亚海洋科技计划》,2009年又出台了《海洋研究与创新战略框架》。目前,澳大利亚在海洋旅游业、海洋油气业、海水养殖业以及渔业管理等方面处于优势,具有国际竞争力。

澳大利亚海上石油、天然气储量非常丰富,海洋油气业是紧随海洋旅游业的第二大海洋产业。海洋油气业的增加值占海洋产业总增加值的40%以上,年产值约100亿澳元,满足国家石油需求的80%,贡献24亿澳元的税收,出口约25亿澳元。联合国《能源统计年鉴》显示,2006年澳大利亚石油出口量达9 409千吨,世界排名第33位。

澳大利亚海水养殖业发展前景非常被看好。其海洋环境污染极少,相当干净,拥有丰富的海洋鱼类资源。过去的十几年里,国内水产养殖的产值翻了一番,从3 310万澳元增加到7 430万澳元,年增长率为11%。海水养殖总产值占澳大利亚渔业总产值的32%。

澳大利亚海洋产业还包括海洋电力、海洋生物医药和海水利用业。总的来说,海洋新兴产业在澳大利亚的经济增长中占据越来越重要的地位,成为国家经济支柱产业。

五、韩国

韩国是一个三面环海的半岛之国,东邻日本海,西接黄海,东南隔朝鲜海峡与日本相望。其管辖海域面积为44.4万平方千米,是其陆地面积的4.5倍,海岸线长达1.1万多千米,岛屿约3 200个。

韩国的海洋开发是随着20世纪60年代中期经济崛起开始的。20世纪80年代初，韩国制订了第二次国家综合开发计划，将海洋开发作为重点，提出海洋资源开发的基本方向。目前，韩国的海洋渔业、造船业和海洋建筑业均居世界前十名。海洋产业经济值占国内经济总值的比重在10%以上。

在海洋电力业方面，根据气候变化协定，韩国正在通过建设潮汐发电站和风力发电站来开发各种无公害清洁能源。2004年韩国25.2万千瓦的始华潮汐电站开工建设，2012年建成发电。2007年，韩国100万千瓦的江华岛潮汐电站也已开建。

在海水淡化装置的制造方面，韩国于20世纪80年代初起步，目前已经向中东出口若干套日产万吨级蒸馏法海水淡化装置。

随着对海洋环境价值认识的提高，韩国开始重视海洋开发与保护的协调发展。为实现21世纪成为第五大海洋强国，韩国提出了三大基本目标，即创造有生命力的海洋国土、发展以高科技为基础的海洋产业和保持海洋资源的可持续开发。

六、挪威

挪威海岸线长21 192千米，海洋是挪威的文化与生活的命脉，许多人直接或间接依靠海洋为生。挪威政府重视海洋产业的发展，投入巨额经费发展海洋科技，增强海洋产业的国际竞争力。石油、渔业、航海是挪威的三大支柱产业。

海洋油气业是挪威经济发展的一个重要部分。自从1969年在挪威大陆架发现石油之后，挪威大陆架的石油勘探不断有新发现，每年的石油产量均超过了英国。从20世纪90年代开始，挪威对产业结构进行了大调整，海洋石油业成为国家重点发展的产业部门。据联合国《能源统计年鉴》数据，2006年挪威石油出口量达10 003.5万吨，世界排名第六。

挪威非常重视渔业管理，是世界上第一个建立独立渔业部的国家。挪威的海水养殖业发展很快，成为仅次于油气业的第二大产业。海水养殖产品90%用于出口，是世界上最大的三文鱼和蹲鱼的出口国，其中三文鱼出口到100多个国家。海水网箱养鱼是挪威10多年前发展起来的全新养殖设施。目前，挪威是这一领域中技术最先进的国家，配套设备最为齐全，应用的规模也较大。

挪威的海岸线被无数峡湾分割，其中最长的峡湾可以延伸到内陆达200千米。峡湾两岸矗立的悬崖峭壁是深受欢迎的旅游景观。挪威对海洋发电也非常重视，1985年就建成两座波力电站，装机容量分别为500千瓦和350千瓦，这是20世纪80年代最著名的波力发电装置，是当时国际波能技术领先国家的标志。据报道，近几年挪威又开始研究盐差能利用，2009年建成了一套盐差能发电装置。

七、越南

越南国土面积小、人口众多，陆地自然资源消耗大、生存发展条件有限。但与此同时，越南三面环海，海岸线长达3 260千米，海岸系数为世界平均水平的6倍。全国63个省、直辖市中，有28个省、直辖市临海，其面积约占越南国土总面积的42%，其人口约占全国总人口的45%。

近年来，越南高度重视发展海洋经济，不断加大对海洋经济的投入。海洋经济在越南国民经济中的比重和地位不断上升。1993年第七届越共中央出台了“关于最近数年发展海上经济任务”的决议，首次提出把越南建设成为一个海洋经济强国。2001年越共九大提出要“大力向海洋进军，做海洋的主人”。

目前，越南海洋经济发展已经初具规模，正步入加速发展时期。海洋渔业、海洋交通运输业、海洋船舶工业、海洋油气业和滨海旅游业等成为越南经济的主要支柱产业。越南水产量居世界第六位，水产品出口额为49亿美元。石油是越南的第一大经济支柱，占国民经济总产值的30%，其中大部分来自海上油田。越南目前有20家造船厂和14家相关企业，与世界30多家船业公司建立了合作关系，大量采用国外先进技术和设备。越南已经能够制造5万吨级散货轮、10吨级油轮、1 016个标准集装箱级货轮。越南正努力实现到2015年成为第五个造船大国的目标，至2020年将再投资建设3个造船中心、3个船舶维修中心。

为发展海洋经济，越南已出台落实多项措施。在沿海经济方面，一是拓宽沿海经济投资、融资渠道，促进投资社会化和投资形式的多样化，以推动沿海各省海洋基础设施完善升级、临海工业区、经济区建设发展，推进沿海各省经济社会各项事业进步。二是发挥沿海各地区比较优势，有侧重地建设海洋经济智能更新，北方沿海省份以北部湾经济区建设为重点；中部沿海各省以云峰国际中转港建设为重点；南部以富国岛国际交通中心、国家及地区海岛生态旅游建设为重点。三是鼓励沿海农民从事渔业捕捞养殖等海上经营活动。四是提高海洋自然灾害预警、海洋救援救护能力，确保海洋经济各项活动的安全。

在海洋开发、利用和管理方面，一是制定海洋开发、利用与管理的总体战略。二是明确至2020年海洋经济的发展方向和任务，制定落实相关政策、措施。三是加强中央及地方各级海洋行政管理机构建设，明确各级有关部门在海洋开发、利用和管理中的工作职责。四是提高海洋科研与应用水平，加强海洋科技和经营管理人力资源建设。

但是，目前越南海洋经济发展仍存在一些问题和困难。越南沿海、海上和海岛基础设施薄弱，港口体系弱小，设备十分落后。越南海洋经济发展与潜力极不相称，不仅落后于世界大国，而且远不如亚洲地区的其他国家。越南人均港口货物吞吐量仅为新加坡的1/140、马来西亚的1/7和泰国的1/5。越南海洋经济的发展目标虽然已经明确，但是海洋经济发展政策措施仍缺乏具体落实，海洋资源开发管理体制不完善；海洋经济基础设施和技术设备落后，国家投入不足或滞后；海洋科技总体水平低、新兴海洋产业尚未形成规模，海洋经济发展所需的人力资源素质不高；抵御自然灾害的能力较弱。

八、各国海洋发展对中国的几点启示

综合分析上述各国发展海洋新兴产业的成功经验，可以发现其中一些共同之处，能够为中国海洋战略性新兴产业发展提供以下有益的借鉴。

1. 发展海洋经济，必须强化全民海洋意识，提升海洋在国家发展战略中的地位

海洋已经成为当今国际社会共同关注的热点，海洋经济已经成为世界经济增长的新领域，海洋与民族盛衰密切相关已成为世界性共识。发达国家把海洋开发作为国家战略加以实施，形成了许多新的海洋观，如海洋经济观、海洋政治观、海洋科技观等。开发方式正由传统的单项开发向现代的综合开发转变；开发海域从领海、毗邻区向专属经济区、公海推进；开发内容由资源的低层次利用向精深加工领域拓展。

2. 推进海洋产业的发展，必须优化海洋产业结构

在海洋经济体系中，海洋产业结构层次的高低及布局是否合理决定着海洋经济整体素质和实力，也决定其能否实现稳定而快速的增长。发达国家的海洋油气、海洋运输、矿采、海洋旅游等新兴海洋产业占有很大的比重。全球海上石油的探明储量为200亿吨以上，天然气储量80万亿立方米。100多个国家和地区从事海上石油勘探与开发。近年，海上石油产量约13亿吨，占世界油气总产量的40%。21世纪中叶海洋油气产量将超过陆地油气产量。挪威通过开发海洋石油，一举摘掉了穷国的帽子，成为北欧富国之一。全世界40大旅游目的地中有37个是沿海国家或地区，滨海旅游业收入占全球旅游业总收入的1/2。

我国海洋工业基础薄弱，工程装备落后，高新技术发展起步较晚。所以，我们要积极转变海洋经济发展方式，促进海洋产业结构调整。战略性新兴产业是“十二五”期间国民经济发展的重点领域，海洋应该是培育和发展战略性新兴产业的主战场之一。我们要大力发展海洋工程，装备高新技术，用先进技术提高产业技术基础，改造传统产业，优化产业结构。以高新技术为核心，引导和扶持海上油气、海洋生物、海洋装备与工程、海洋物流等新兴海洋产业的发展，提高海洋产业的高技术含量和工程装备水平，进一步提升海洋经济对国民经济和社会发展的贡献。

3. 科学地开发和利用海洋资源，必须加强海洋科技创新

发达国家海洋经济的繁荣，除了政策的引导以及雄厚的资金支持外，一个重要的原因就是高新技术的不断开发与创新。目前，全球科技进入新一轮的密集创新时代，海洋工程与科技向着大科学、高技术体系方向发展。作为老牌造船大国，日本已经将绿色环保船舶技术作为今后的战略重点，运用这一领域的技术优势来提高产业门槛和自身话语权。欧、美及日本等在研投入巨资建立海底观测网络，海洋的立体观测网络建设将成为未来海洋科技发展的关键。随着人类对物联网技术的认知度越来越高，构建智能海上运载装备的条件也不断成熟。此外，发达国家走向深海和远海的步伐逐渐加快，相应的海上装备也呈现深远化的发展趋势。

我们必须紧跟世界先进水平，制定和更新海洋科技发展战略与计划，深化海洋科技体制改革，优化海洋科技资源配置；加大海洋科技资金多元投入，积极参与国际重大海洋科学研究计划；加快海洋科技成果产业化进程，建立海洋科技开发和服务体系；建立国家海洋科技重大问题的协调机制。要在海洋探测工程、海洋运载工程、海洋能源开发工程、海洋生物资源开发利用工程、海洋环境保护工程、海陆关联工程等方面重点开展科技攻关和成果应用，力争有突破性进展。国外海洋技术进步的成功经验还表明，现代科技的多学科交叉、渗透和融合，研究手段日益立体化、自动化和信息化是海洋工程与技术发展的重要方向。我国应借鉴发达国家海洋经济发展成功经验，大力培育优秀的海洋工程与科技人才。

4. 加强海洋产业的管理，必须建立协调发展机制

海洋管理是一项复杂的系统工程，许多国家均实行了有效的海洋综合管理模式。例如，澳大利亚在其海洋产业发展战略中，将海洋产业由分散化管理转为综合管理，不仅消除了以前各部门分头管理时产生的职责界定模糊等问题，而且加强了各部门和不同涉海产业间的合作，把海洋管理的计划、政策和决策置于一个整体的框架下。

我国与许多国家一样，涉海部门众多，存在着管理分散、资源浪费、协调配合差等问题。那么，如何加强、完善海洋综合管理体制，进一步理顺中央与地方各有关部门的关系，使所有涉及的部门既要尽职尽责、严格执法，又能相互协同和配合？在这个问题上，有不少国际经验可以借鉴。只有健全综合管理体制，建立协调发展机制，我国的海洋事业才能健康发展。

5. 保障海洋经济可持续发展，必须加强海洋资源环境保护

加强海洋生物和生态环境养护建设，已成为世界各国海洋管理的重点。纵观国际海洋经济的发展历程，许多国家的海洋经济增长大都走了先污染、后治理之路。这种经济增长不仅付出了沉重的治理代价，而且造成了海洋资源过度开发、海洋灾害频频发生、生态环境的污染破坏及生物多样性的锐减等。

随着我国国民经济的迅速发展和海洋开发力度的提高，陆源污染物入海量剧增，海上活动自身污染加重，部分沿岸海域的海洋生态环境已遭到严重威胁，导致赤潮灾害频发、渔业资源严重衰退。合理利用海洋资源，建立可持续的海洋经济体系已迫在眉睫。我们必须坚持科学发展观，提倡海洋经济发展与环境保护协调，遏制海洋污染，防御海洋灾害，加强海洋生态环境的修复工作，建立良性海洋生态系，以保障海洋资源为人类永续利用。

第六章

中国海洋战略性新兴产业发展的主要问题

虽然我国海洋新兴产业有一定的发展基础和巨大潜力，但与发达国家相比，还面临着诸多发展中存在的问题。

(一)产业规模小，发展速度缓慢

我国虽然已形成了包括海洋渔业、海洋交通运输业、海洋油气业、滨海旅游业、海洋工程建筑业等门类较为齐全的海洋产业体系，但海洋新兴产业的规模小，尤其是海洋油气开采业、船舶制造业、海洋物流业等，虽然已显示出良好的发展势头，但在国民经济中所占比重较小，与发达国家相比，还有不小的差距。海洋生物医药、海水综合利用、海洋精细化工等新兴产业尚处于起步阶段。

(二)产业的科技水平相对较低，竞争能力弱

我国在海洋领域的科技水平和创新能力总体上落后于发达国家，尤其在海洋工程装备方面，欧美公司依靠其拥有的专利技术几乎占据了市场垄断地位，我国许多设备及大部分核心部件均依赖进口。在深海油气田开发方面，由于缺乏必要的深海钻探、开采等生产设备，我国的深海油气资源开发基本处于空白状态。在海水淡化方面，我国虽已基本具备产业化条件，但装备制造能力与国外有较大差距。在海洋生物医药领域，我国自主知识产权的产品还很有限。在海洋能利用方面，我国的技术和生产成本较高，可靠性也比较差。

(三)对产业发展的认识不足，政府支持力度不够

一些地方政府对海洋新兴产业发展的认识不足，对其在资源配置、资金支持、政策导向等方面扶持的力度不够，未能形成良好的发展环境。海洋新兴产业

是一个高风险、高投入的产业，需要巨大的和持续的资金投入。在我国，除中国船舶工业集团、中国船舶重工集团、中石油、中石化等少数企业外，大多数企业自身实力不强，单纯依靠自身积累很难负担核心关键技术攻关所需的巨额投入。例如，在我国，一个三类海洋新药的研发经费为500万～800万元，如果没有国家在资金和财税政策上的支持，很难完成一个新药的研发。

（四）产业发展机制不活，产业化瓶颈突出

我国大部分海洋新兴产业尚处于研发、试验阶段，要大规模实现产业化还面临一些技术和政策方面的瓶颈制约。由于企业的主体地位还没有完全确立起来，产学研联合仍然存在脱节现象，不能按市场经济规律运作，面临的问题较多，产业化瓶颈突出。例如，我国海水淡化的推广面临难以进入市政管网和价格体系的瓶颈，且成本高于自来水价格。海洋可再生能源方面的标准体系还不完善，示范试验规模严重不足，阻碍了工程样机向规模化应用的发展。海洋生物医药产业中试环节投入不足，严重制约了成果的有效转化。

（五）服务支撑体系不太健全，产业政策环境有待完善

海洋产业是高投入、高风险的产业，常受到台风、风暴潮、赤潮等自然灾害的影响。此外，由污水排放、盲目围海、船舶溢油、工程建设不当等引起的生态环境恶化等，均造成了对产业发展的影响。而我国目前对海洋灾害的预测和监测服务体系不健全，服务水平低。相关的社会中介服务体系建设（如信息咨询、技术仲裁、法律服务等）也滞后于产业发展的需要（郑贵斌，2002）。

第七章

中国海洋战略性新兴产业发展的原则和目标

一、指导思想

以邓小平理论、“三个代表”重要思想和科学发展观为指导，按照中国共产党的十八大报告提出的“提高海洋资源开发能力，发展海洋经济，保护海洋生态环境，坚决维护国家海洋权益，建设海洋强国”指引的方向，坚持以促进海洋经济发展方式转变为主线，以提高自主创新能力为核心，大力推进科技兴海，依靠科技创新驱动海洋经济发展，使海洋经济成为我国国民经济新的增长点，逐步把我国建设成为海洋强国。

二、发展原则

(1)坚持发展速度和效益的统一，提高海洋战略性新兴产业的总体发展水平。

(2)坚持经济发展与资源、环境保护并举，保障海洋战略性新兴产业的可持续发展。

(3)坚持科技兴海，加强科技进步对海洋战略性新兴产业发展的带动作用。

(4)坚持发挥沿海地区自身优势，合理规划产业布局，建设各具特色的海洋经济区域。

三、发展目标

(一)总体目标

海洋经济在国民经济中所占比重进一步提高，海洋经济结构和产业布局得到优化，海洋科学技术的贡献率显著加大，海洋支柱产业、新兴产业快速发展，海洋产业国际竞争能力进一步加强，海洋生态环境质量明显改善，形成各具特色的海洋经济区域。

突破一批核心关键技术，提高产业创新能力和成果转化能力，形成海洋战略性新兴产业框架体系，海洋新兴产业增加值实现翻两番。

(二)2020 年目标

以重大工程和重点项目为支撑，建立分工明确、布局合理的海洋新兴产业基地。其中，深海技术及工程装备、海水淡化及综合利用装备、海洋观测/监测仪器设备、离岸海上风电装备、特种船舶及工程装备等海洋装备产业成为支柱产业；海洋药物和生物制品、海水健康养殖及极地生物资源开发、海水综合利用等资源型海洋新兴产业成为先导产业；海底天然气水合物、深海矿产及深海生物基因等战略资源的勘探、开发、利用技术进入国际先进行列。

实现海洋经济增长方式转变以及产业结构调整，形成比较完善的海洋高技术产业体系，形成由海洋生物育种与健康养殖产业、海洋药物和生物制品产业、海水利用产业、海洋可再生能源与新能源产业等组成的海洋高技术产业群，保持这些产业群年增长速度不低于 30%，在同期海洋产业增加值中所占比重提高 10 百分点左右。

到 2015 年，我国海洋战略性新兴产业增加值对国民经济贡献将提高 1 百分点，争取超过 6 000 亿元，培育壮大 3～5 个战略性海洋新兴产业。

到 2020 年，国家海洋高技术产业基地成为国家产业结构升级和区域经济发展的重要引擎。

第八章

中国海洋战略性新兴产业的发展方向和重点

本章拟对几个重要的海洋产业，如海洋生物产业、海洋能源产业、海水利用产业、海洋制造与工程产业、海洋物流产业和海洋环保产业等发展的方向、发展重点、发展目标、关键技术及发展路线图等进行分析和预测。

一、海洋生物产业

海洋生物产业主要包括海洋渔业与海洋生物医药业。前者包括海水养殖、海洋捕捞、海洋渔业服务业和海洋水产品加工等活动；后者是指以海洋生物为原料或提取有效成分，进行海洋药品与海洋保健品的生产加工及制造的活动。

(一)远洋与极地渔业

1. 产业发展的意义

中国作为世界最大的发展中国家，在人多地少的基本国情条件下，如何保障13亿人口的食物安全，是我们所面临的严峻挑战。面对我国近海渔业资源严重衰退，为食物安全进行基础性、战略性和前瞻性的研究和探索，是摆在我们面前的一项迫切任务。2010年，我国水产品总量5 573万吨，占全球水产品总量的37.3%，其中海洋捕捞产量1 315万吨，占全球海洋捕捞产量7 823万吨的16.8%。但是，当年我国远洋捕捞产量仅112万吨，占我国海洋捕捞产量的8.5%，仅占全球海洋捕捞总产量的1.43%，我国的远洋渔业资源获取量与占世界人口五分之一的人口大国地位极不相称。远洋渔业是关系到公海生物资源开发权益、拓展和争取国家海洋发展空间的战略性产业，其中极地海域将成为发展壮大我国远洋渔业的重要区域。

我国在世界远洋渔业资源开发的竞争中，装备水平落后成为严重的制约因素。远洋渔船装备整体落后，过洋性渔船多为近海渔船改造而成，装备陈旧老化，效益差，大洋性渔船多为国外淘汰的二手装备，在公海捕捞作业中的竞争力明显落后。另外，我国从事磷虾捕捞的渔船均为南太渔场竹荚鱼拖网船经简单适航改造即进入南极渔业的，捕捞与加工技术离挪威、日本等国的先进渔船有相当大的差距，国际竞争力低下。随着世界各国对海洋资源开发的愈加重视，对作业效率及成本控制的要求越来越高，远洋渔船及其装备水平整体提升成为当务之急。

目前我国仅有的极地渔业为刚刚起步的南极磷虾渔业，2009～2010 年渔季，我国由 2 艘渔船组成的船队首次对南极磷虾资源进行了试验性商业开发，捕获磷虾 1 946 吨；2010～2011 年渔季我国先后派出 5 艘渔船，捕获磷虾 16 020 吨；2011～2012 年由于船舶故障及冰情，仅有 3 艘渔船开展了短期磷虾捕捞，捕获磷虾4 000余吨；2012～2013 年渔季则由 4 艘渔船捕获磷虾近 3.2 万吨，达到产量最高；2013～2014 年渔季派出 4 艘渔船，继续推进我国南极磷虾渔业向规模化方向上发展。然而，我国从未对南极磷虾资源进行过专业科学调查，缺少渔场环境与气象条件等信息，对资源分布及渔场特征了解很不充分，对南极磷虾资源的掌控能力低，在其资源养护措施及捕捞限额分配国际谈判中缺少话语权，在以资源养护为主调的磋商中处境被动。另外，南极磷虾综合利用研究滞后，目前磷虾产品品种较为单一，附加值不高，综合利用技术亟待加强。

南极磷虾广泛分布于环南极水域，蕴藏量巨大，生物量为 6.5 亿～10.0 亿吨，生物学年可捕量达 0.6 亿～1.0 亿吨，是重要的战略资源。这一寒冷环境下的海洋生物还具有巨大的医药保健和工业原材料开发利用前景，一直是各国竞相研究的目标。在公海资源抢占和“蓝色圈地”日趋激烈的形势下，世界各国对南极磷虾资源开发愈加重视，南极海洋生物资源保护条约国对磷虾渔业的管理日趋严格，渔业合作的门槛越来越高，捕捞配额受到限制，对作业效率及成本控制的要求越来越高。因此，制定远洋和极地磷虾产业规模化发展规划，实施远洋渔船与装备升级更新和渔业科技创新，积极发展远洋渔业和南极磷虾业已成为争取和拓展我国南极生物资源乃至其他资源开发权益的战略需求。

另外，我国近年开展的极地渔业的捕捞对象——南极磷虾富含虾青素、不饱和脂肪酸磷脂以及高效低温活性酶等，在医药化工及功能食品方面具有巨大的开发利用前景。南极磷虾油富含 EPA/DHA 功能性磷脂，具有健脑、抗炎症、增强免疫等功能，是具有超高附加值的医药保健品，磷虾蛋白也具有广阔的营养与保健医用前景。南极磷虾的保健、医疗高值利用有望成为我国一个重要战略新兴产业。

2. 产业发展目标

以海洋强国建设战略为指导，以提升深远海资源开发利用能力为目标，重点解决制约我国磷虾开发产业商业性发展的关键技术，提高产业核心竞争力；培育一批覆盖产业链各主要环节的、技术层次高的知名企业，发挥市场的规模化效应；建设若干针对产业各主要环节的技术研发和产业发展研究平台，保障产业的可持续发展。

南极磷虾渔业作为我国远洋渔业新的增长点和极地海洋生物资源开发利用的先行者，具有高投入、高技术要求、高回报前景以及公共资源负责任地合理利用等特点，并可形成较长的产业链。通过积极的产业培育，形成由创新性绿色高效捕捞及高值精深加工技术为支撑，集磷虾捕捞业、磷虾食品加工业、磷虾粉与养殖饲料加工业、磷虾保健品与医药制造业为一体的、完整的南极磷虾资源开发利用技术与产业体系。打造我国第二个远洋渔业，丰富我国的新资源食品，提升大洋公海渔业的国际竞争力，推动海洋渔业的产业结构调整与升级，使之成为我国海洋渔业现代化发展的引擎。

3. 技术与产业发展路径

技术发展路径：基于我国磷虾捕捞技术仍然落后、加工技术的研发刚刚起步，而发达国家的技术已趋成熟这一事实，通过自主创新和引进、消化、吸收、再创新的有机结合，利用5～7年的时间，发展南极磷虾适宜性捕捞技术与装备、高效环保高值加工技术与装备以及产品研发技术，包括海上和陆基技术；打造集捕捞与加工于一体的专业化、现代化捕捞加工船；夯实磷虾产业规模化发展的基础。利用10年的时间，进一步完善技术体系，为产业可持续发展提供有效支撑。

产业发展路径：由于我国的磷虾捕捞业刚刚起步、磷虾产业链各环节关键技术的突破所需时间周期不同的这一特点，我国应利用5～7年的时间，首先壮大磷虾渔业产量规模以满足兴趣广泛的市场开发需求，为磷虾食品和磷虾粉与养殖饲料等磷虾大宗利用产业提供发展的物质基础；同时，提升磷虾捕捞业的技术装备水平、积极研发磷虾保健及医药制造技术与产品，形成逐步延长的磷虾产业链雏形；利用10年左右的时间，进一步完善产业与产品市场体系，形成较为成熟的新兴磷虾产业。

4. 产业培育与发展策略

鉴于国际上以精深加工产品开发与高新技术运用为显著特点的新型产业已然形成，而国内相关产业刚刚起步这一现状，我国南极磷虾开发产业的发展应以国家需求和产业的快速壮大为导向，从政策引导与支持、技术研发与产业培育、资源可持续利用与产业可持续发展研究等各个层面予以积极推动。产业培育与发展策略包括以下几点。

1)提升南极磷虾捕捞技术与装备研发能力及制造水平

南极磷虾捕捞技术与装备是指一切与捕捞生产、海上加工以及海上研发有关的技术与装备，是提升我国南极磷虾渔业国际竞争力的关键。相关技术装备包括专业磷虾捕捞加工船，磷虾资源研究与产品研发和技术测试综合调查船，环境友好型高效捕捞技术与装备，磷虾去壳采肉及虾酱、虾糜等磷虾食品加工技术与装备，磷虾粉环保节能高效加工技术与装备，磷虾油与磷虾蛋白及磷脂等高值产品海上提取与加工技术装备，各类海上磷虾制品的保质高效运输与储藏技术装备等。

2)积极培育南极磷虾食品加工业

南极磷虾产自洁净的南极海域，营养价值高且资源储量巨大，因此发展南极磷虾食品加工业既是丰富我国小康社会百姓餐桌和保障粮食安全的重要选项之一，亦是推动磷虾开发产业全面发展的重要一环。南极磷虾食品加工业在俄罗斯、日本以及乌克兰的发展已有三四十年的历史。我国应通过政策引导，积极培育磷虾食品加工业。

3)大力推动南极磷虾养殖饲料的研发与产业化

与食品工业一样，养殖饲料加工业是拓展南极磷虾渔业的产品市场、促进南极磷虾资源大宗利用最直接、有效的途径之一。南极磷虾作为高价值水产养殖饲料原料的优势主要体现在其具有优良的蛋白质、多不饱和脂肪酸、虾青素等，具有优异的诱食、促生长和提高养殖动物免疫力的作用，在水产饲料中的应用越来越广泛，并发挥着无可比拟的优势。在我国大力发展水产养殖业，而水产饲料蛋白源严重短缺的形势下，大力推动以南极磷虾为原料的养殖饲料业的发展，已成为助力我国水产养殖业发展的有效手段之一。南极磷虾在日本养殖饲料中的应用已有很长的历史；近年来，挪威已打造出以磷虾粉为配料的水产养殖及宠物饲料系列品牌产品。我国应奋起直追，并针对不同养殖品种以及同一养殖品种不同生长期，开展养殖饲料配方的研发并尽快实现产业化。

4)进一步推动南极磷虾保健与医药制品的研发与产业化

南极磷虾油以及磷脂、蛋白浓缩制品等高附加值制品下游产业是南极磷虾开发的经济驱动点和产业发展引擎。目前我国已有多家生物技术公司和远洋渔业企业从事南极磷虾油的营销代理或产品研发，但总体而言尚处于起步阶段；而挪威、加拿大的业界知名公司的产品已在国际市场纷纷上市，并大有提前布局占领我国市场之势。我国须进一步推动磷虾高值产品的研发，并积极推动其产业化发展。

5)尽快建立南极磷虾产品质量标准体系

南极磷虾开发利用作为一个新兴的产业，在我国刚刚起步，相关产品质量标准研究滞后。目前国内已有生产、销售南极磷虾产品的企业，但其质量监测都是根据各自的企业标准进行，评价标准不一致，不利于市场监管。因此，为规范生产与市场监管，推动产业快速、有序发展，应超前部署，尽快建立南极磷虾产品质量标准评价体系。

（二）深远海规模化养殖产业

1. 产业发展的意义

深远海规模化养殖是指利用远离近岸，在 30 米水深以上海域进行规模化、集约化饲养和繁殖海产经济动物的生产方式，是人类定向利用海洋生物资源、发展海洋水产业的重要新途径之一。

随着我国社会经济的发展，食物需求总量将显著增长，食物消费结构将发生根本变化，水产品需求总量将显著上升。我国有限的内陆水土资源将难以担负水产品生产总量增加的负荷，开发蓝色国土资源成为必然。受生态环境恶化与过度捕捞的影响，我国海洋水产生物资源总体上处于衰竭状态，开发蓝色国土资源、保障水产品供给必须以发展蓝色农业为核心，即养殖与放牧型海洋渔业。

目前，海水养殖的生产方式以沿岸陆基养殖、滩涂养殖和内湾小网箱养殖为主，面向远海的离岸深水养殖尚处在研究起步阶段。海水养殖业深受沿岸水域环境影响，养殖条件劣化，品质安全问题愈显突出，养殖系统的排放问题也为社会所诟病。发展农牧化蓝色农业，必须远离沿岸水域，远离大陆架水域污染带，进入深水、远海。发展远离陆地及市场的远海海域蓝色农业，对应多变的海洋条件，需要构建规模化的产业链及安全可靠的生产设施，以工业化的生产经营方式发展集约化养殖，包括深水大型网箱设施、大型固定式养殖平台和大型移动式养殖平台等离岸深海养殖工程。

长期以来，南海周边国家与我国海洋领土纠纷愈演愈烈。党中央和国务院历来高度重视南海严峻的态势，先后做出“主权属我，搁置争议，共同开发”，“开发南沙，渔业先行”，“突出存在”的战略决策。因此，南海的渔业生产已不仅是渔业资源的问题，而是关系国家海洋主权的重大问题，政治意义大于经济效益，关系中华民族的核心利益。深海大型养殖设施的构建，如同远离大陆的定居型海岛。在我国与周边国家海域纠纷突出、海域领域被侵蚀的状况下，发展深海大型养殖设施就是“屯渔戍边”，守望领海，实现海洋水域资源的合理利用与有效开发。

2. 产业发展目标

1）总体目标

建立完善的养殖生产与流通体系，完备的机械化、信息化装备系统以及工业化管理模式；创造良好的养殖环境，逐步进入深海，全面构建符合“安全、高效、生态”要求，开展集约化、规模化海上养殖的生产体系。

2)阶段目标

2015年目标：对应区域性养殖条件与主要品种，优化浮式深水网箱设施结构，开发沉式深海网箱，构建网箱-鱼礁生态工程系统模式，初步完成以岛屿为基站的大型深海网箱设施关键技术研究，推进近海网箱养殖向开放性海域深入，在南海海域以石斑鱼、军曹鱼、鲳鱼、鲹类为主，在东海海域以大黄鱼为主，在黄海海域以鲆鲽鱼类为主，构建3～5个生态工程化网箱高效养殖模式示范区；初步构建海上养鱼工船系统模式，进行集成示范，以南海海域为重点，构建1～2个示范性海上养鱼工船；在养殖环境监测、投喂、起捕、分级、运输以及设施维护等环节，开发一批机械化、信息化配套装备，基本形成深海养殖平台技术体系，在南海或东海、黄海海域，利用原海洋钻井平台或岛礁，构建1～3个示范性深海养殖基站。核心技术拥有率达到85%以上；关键设备国产化率达到85%以上，技术水平达到国际先进水平。

2020年目标：开展集约化、规模化海上养殖生产体系建设，以生态工程化网箱设施系统、深海网箱养殖基站、海上养鱼工船为重点，通过技术研发与集成创新，提升深水抗风浪网箱设施的整体性能，形成开放性海域深水网箱设施生态工程化构建技术体系；突破深海养殖平台设施结构工程技术，形成深海养殖平台基站构建技术体系；研发专业化游弋式海上养殖平台，建立养鱼工船技术体系；研发机械化、信息化关键装备，形成海上集约化、规模化养殖配套装备技术体系。通过集成示范，不断完善技术体系，构建技术规范，初步形成较为完善的深海养殖设施技术体系与装备配套企业群，不断推进海上设施养殖向深远海发展。核心技术拥有率达到100%；关键设备国产化率达到100%，技术水平达到国际先进水平。

2030年目标：在开放性海域，充分利用现有岛礁环境，优化集深水网箱、人工鱼礁、海底藻场为一体的生态工程化海洋牧场；在远海海域利用岛礁或原钻井平台，发展一批大型养殖网箱，建立以区域性特定品种为主的规模化养殖生产的深海养殖基站；研发集成鱼养殖、苗种繁育、饲料加工、捕捞渔船补给及渔获物冷藏冷冻等功能于一体的大型海上养鱼工船。针对我国远海海域区域性特点以及渔业发展要求，加强科技创新与装备研发，建立积极的政策与财政专项，引导大型企业介入海洋渔业，在南方、北方海区“逐水而泊”，利用最佳的水温与水质条件，发展南方温水性鱼类与北方冷水性鱼类养殖，逐步推进，形成工业化海上养殖生产群。

3. 重点解决的关键技术

(1)优化现有网箱设施，构建步入深海的生态工程化网箱设施系统。针对我国沿海海域海况特点，以现代海洋工程技术为支撑，发展离岸养殖设施，进一步研究与优化现有高密度聚乙烯(high density polyethylene，HDPE)重力式深水网箱设施的箱体沉降、箱形抗流和锚泊构筑性能，使深水网箱具备走出湾区，走入深海的能力；研发新型沉式深水网箱；结合人工鱼礁、海底人工藻场构建技术，建立区域性海流可控、自净能力增强、牧养结合的生态工程化海洋牧场。

(2)构建深海养殖基站，发展新型抗风浪网箱。开发远海岛屿，利用原海洋钻井平台，建立深海养殖基站，研发具有深海抗风浪及抵御特殊海况性能的新型抗风浪网箱，以南海、东海海域为重点，构建依托原钻井平台或适宜岛屿的海上养殖基站，形成具有开发海域资源、守护海疆功能的渔业生产基地。

(3)研发大型养鱼工船，构建游弋式海上渔业平台。以现代船舶工业技术为支撑，应用陆基工厂化养殖技术，研发具有游弋功能，能获取优质、适宜海水，在海上开展集约化生产的养鱼工船，并以南海海域资源开发、海疆守护为重点，在养鱼工船的基础上，形成兼有捕捞渔船渔获中转、物资补给、海上初加工等功能的游弋式海洋渔业生产平台。

(4)研发机械化、信息化海上养殖装备与专业化辅助船舶，提高生产效率，保障养殖生产。针对海上规模化安全、高效养殖生产的要求，研发起网、投饵、起捕、分级等机械化作业装备及数字化控制系统，构建生产控制、环境预报、科学管理信息系统，提高生产效率；研发燃油、淡水、食物供给及活鱼运输专业辅助船，为远海养殖生产提供保障。

4. 发展路线图

按照逐步进入深海，全面构建符合“安全、高效、生态”要求，开展集约化、规模化海上养殖生产体系的总体发展目标，以近海生态工程化网箱设施系统、深海网箱养殖基站、海上养鱼工船为重点，通过科技专项支持，突破关键技术，研发现代化装备，构建系统模式，形成技术体系与规范，为产业发展提供可靠的技术支撑。通过政策引导与资金支持，鼓励企业、组织渔民进入深海，发展海上养殖业，使海上养殖生产系统合理高效，近海资源与环境得到有效保护，渔民实现转产专业生存有所依靠，面向海洋的养殖生产实现有效发展，我国海域疆土得到更多海上居民的有效看护，海洋渔业由“捕”转“养”，实现蓝色转变。

深远海规模化养殖产业发展路线图如图 8-1 所示。

(三)海洋药物与生物制品产业

1. 产业发展的意义

海洋是生物资源的巨大宝库。据估计，地球上 90%的生物物种生活在海洋里，种类超过 1 亿种，而目前鉴定和命名的生物不到 2 000 万种。海洋的独特环境孕育了特有的海洋生命现象。海洋生物在高渗、低温或低氧生境下的进化使得它们具有与陆地生物不同的基因、代谢规律和抗逆手段，形成了一系列结构各

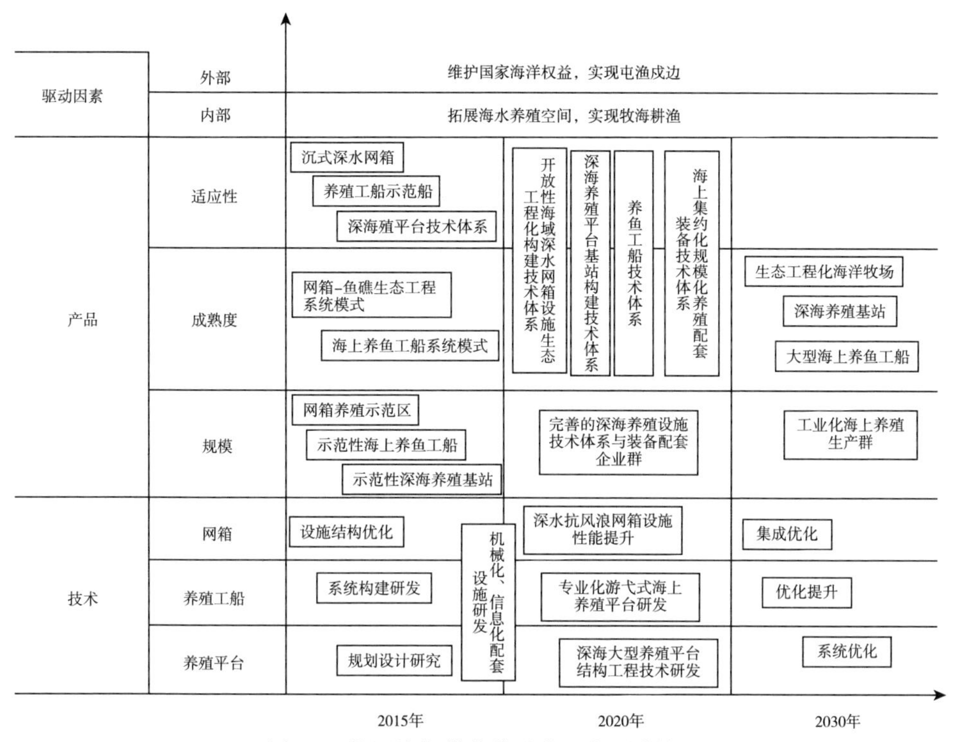

图 8-1　深远海规模化养殖产业发展路线图

异、性能独特、具有巨大应用潜力的活性天然产物。例如，海洋动植物的体内含有大量多糖，这些多糖物质通常是乙酰化和含硫的，与陆地生物的多糖物质有很大的结构差异。深海海底具有多种独特的海底地貌和特殊生态系统：深海平原、沿洋中脊排列的海山、热液口和冷泉等。深海的高压、高温和高还原性环境是陆地上所没有的，深海生物多样性、生态系统物质流、能量流、生物地球化学以及极端生物对极端环境适应的机理也与陆地生态大相径庭。海洋特殊环境造就的海洋生物的多样性和化学多样性，是研究与开发创新海洋药物和新型海洋生物制品的重要产品资源。

当前，海洋生物资源的高效、深层次利用开发，尤其是海洋药物和海洋生物制品的研究与产业化已成为发达国家竞争最激烈的领域之一。因此，建立起我国符合国际规范的海洋药物研发体系，产生一批具有自主知识产权和市场前景的创新海洋药物，将有效提升我国医药产业的国际竞争力；加速海洋生物制品，包括生物酶制剂、功能材料及绿色农用制剂的研发进程，尽快实现产业化，将成为我国海洋经济的新增长点。

2. 产业发展目标

利用海洋特有的生物资源，开发拥有自主知识产权的海洋创新药物和新型海洋生物制品，建立和发展海洋药物和生物制品的新型产业系统。

通过高通量和高内涵筛选技术和新靶点的发现，开发一批具有资源特色和自主知识产权、结构新颖、靶点明确、作用机制清晰、安全有效且与已有上市药物相比有竞争力的海洋新药，形成海洋药物新兴产业。

利用现代生物技术综合和高效利用海洋生物资源，开发具有市场前景的新型海洋生物制品，形成工业用酶、医用功能材料、绿色农用生物制剂等产业，提高海洋生物技术产业的效益，服务于工业、农业、人类健康以及环境保护等。

3. 重点解决的关键技术

(1)创新海洋药物的研发，包括：抗肿瘤、抗心脑血管疾病、抗阿尔茨海默病(旧称老年性痴呆)等海洋药物的临床研究；抗肿瘤、抗心脑血管疾病、抗艾滋病、抗严重细菌和病毒性感染、抗代谢性疾病等海洋药物的临床前研究。

(2)海洋生物酶制剂的产业化，包括：海洋生物酶(溶菌酶、蛋白酶、脂肪酶、酯酶等)的产业化与推广应用；海洋生物酶(几丁质酶、β-琼胶酶、纤维素酶、漆酶、β-半乳糖苷酶、海藻糖酶、极端高温酶、过氧化氢酶等)的中试研究。

(3)海洋生物功能材料的产业化，包括：建立稳定的医用海洋生物功能材料原料的生产及质控技术；完善与提升海藻多糖植物空心胶囊产业化技术体系；研究创伤修复材料、介入治疗栓塞剂等新型医用材料及其规模化生产技术；研究组织工程材料、药物长效缓释材料等制备、加工成型工艺及其过程安全性控制等关键技术；实现海藻多糖植物空心胶囊和海洋创伤修复产品产业化，开展介入治疗栓塞剂的临床研究和组织工程材料和药物长效缓释材料的临床前研究。

(4) 海洋绿色农用生物制剂的产业化，包括：海洋动物疫苗功效/安全评价及其产业化，针对我国海水养殖业中具有重大危害的病原，开发减毒活疫苗、亚单位疫苗和 DNA 疫苗，建立新型的浸泡或口服给药系统；海洋农药和生物肥料功效/安全评价及其产业化，研究海洋农药和海洋生物肥料规模化生产过程中的优化与控制核心技术，解决产业化工艺放大关键技术；突破海洋农药及生物肥料有效成分和标准物质分离纯化及活性检测技术，建立海洋农药及生物肥料的质量控制体系；开展针对不同作物病害及冻害等防治新技术研究，完成海洋生物肥料的标准化田间药效学及肥效实验。

(5)海洋生物饲料添加剂功效/安全评价及其产业化，包括：重点研究新型海洋生物饲料添加剂规模化生产中的质量控制技术及其工艺放大的关键工程技术；建立海洋疫苗及海洋生物饲料添加剂产品的安全性和功能活性评价技术平台，构建可持续发展的水产及畜禽健康养殖体系。

4. 发展路线图

海洋生物产业具有潜在的巨大市场需求，拥有良好性能的海洋生物医药、海洋生物新材料等的产业化生产以及基于海洋生物基因技术的海洋生物品种改良可以创造出巨大的海洋生物产品市场，拓展生物医药产业、新材料产业以及海洋养殖业发展空间，极具发展潜力。目前，我国海洋生物医药业已经初具规模，受到政府、企业、科研机构等多方面的重视，产业发展的良好环境初步形成，可以预计未来 10～20 年海洋生物药物产业化进程将大大加快，海洋生物医药业将迎来快速发展的“黄金时代”。

海洋医药与生物制品产业发展路线图如图 8-2 所示。

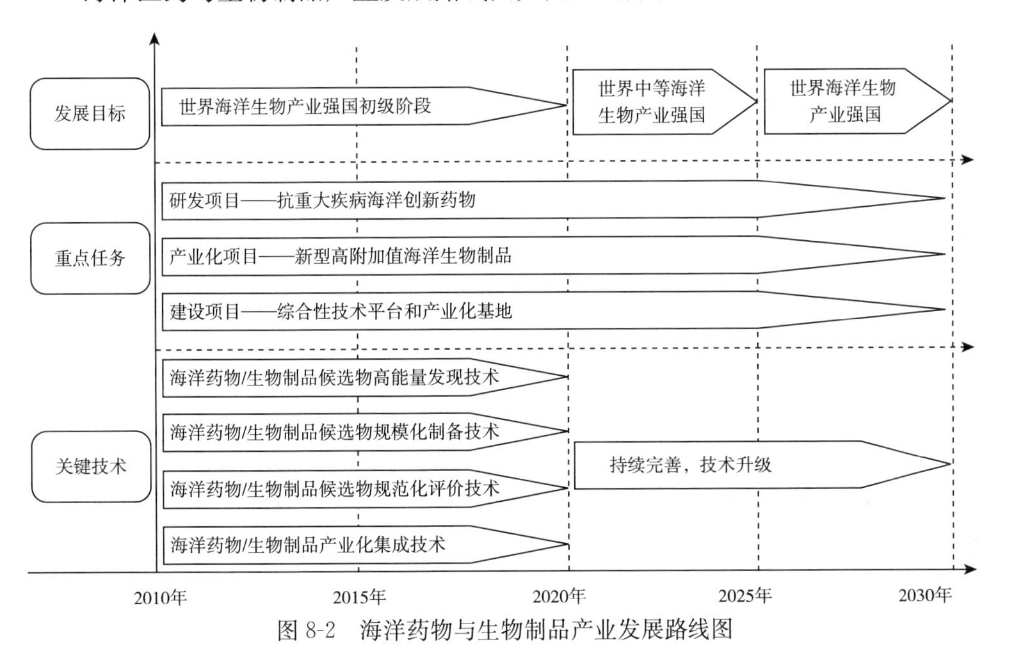

图 8-2 海洋药物与生物制品产业发展路线图

二、海洋能源产业

该产业主要包括海洋油气业和海洋电力业。前者是指在海洋中勘探、开采、输送、加工原油和天然气的生产活动；后者是指在沿海地区利用海洋能、海洋风能进行的电力生产活动，不包括沿海地区的火力发电和核力发电。

经济发展对资源能源的需求不断扩大，带来了深海油气和海洋可再生能源开发的良好机遇。当前，我国油气资源对外依存度不断提高，而深海区域的油气开发却相对落后，深海石油开发仍然处于孕育阶段。因此，深海油气产业应当成为“十二五”期间的重点发展产业。

海洋新能源产业发展的主要动力在于当前世界范围内经济发展所面临资源和环境压力下，海洋新能源所具有的绿色环保、永续性和可再生性。发展海洋新能源产业是人类面临资源与环境危机做出的应对性选择，在短期内推动海洋新能源产业较快发展的关键在于技术进步和国家政策法规，以及国家对海洋新能源产业的资金支持，市场需求对海洋新能源产业发展的影响相对较小。当前，我国对新能源产业发展的支持力度不断加大，节能减排成为国家的基本政策，降低单位GDP能耗成为硬性指标，因此海洋新能源产业面临巨大发展机遇，特别是技术比较成熟且具有一定产业基础的海洋风能发电将会在短期内获得快速发展。除了海洋风能外，海洋能源产业短期重点发展领域还包括潮汐发电，其要注重海洋新能源开发与海水综合利用相结合。中长期还要有序推动潮流能、波浪能和海洋温差能的开发利用。

（一）深海油气资源勘探开发产业

1. 产业发展的意义

我国经济的持续快速增长，使能源供需矛盾日益突出。我国油、气可采资源量仅占全世界的3.6%、2.7%，而我国的油气消耗量占到世界第二位，2011年我国原油净进口量达到2.54亿吨，石油对外依存度达56.5%，石油天然气占能源结构比例将由2010年的27%上升到2050年的40%，石油供应安全已经成为国家三大经济安全问题之一，石油安全直接影响能源安全。

目前我国海洋资源开发，特别是油气开发主要集中在陆上和近海，因此在加大现有资源开发力度的同时，开辟新的海洋资源勘探开发领域，尤其是深海海域已经成为保障国家安全、海洋权益和能源安全的重要战略。

2. 产业发展目标

以国家海洋大开发战略为引领，以国家能源需求为目标，大力发展海洋能源工程核心技术和重大装备，加大近海稠油、边际油田高效开发，稳步推进中深水勘探开发进程，实现由浅水到深水、由常规油气到非常规油气跨越，带动我国海洋能源大开发、形成配套支柱型产业链。保障国家能源安全和海洋权益，为走向世界深水大洋做好技术储备。

至2015年，突破深水油气田开发工程装备基本设计关键技术，建立深水工程配套的实验研究基地，基本形成深水油气田开发工程装备基本设计技术体系，实现深水工程设计由300米到1 500米的重点跨越。

至2020年，具备3 000米深水油气田开发工程研究和设计能力，逐步建立我国深水油气田开发工程技术体系，逐步形成深水油气开发工程技术标准体系，实现深水工程设计由1 500米到3 000米的重点跨越，建设南海大庆、稠油大庆

(各5 000万油气当量)。

至2030年，实现3 000米水深深远海油气田自主开发，实现3 000水深深远海油气田装备国产化，进入独立自主开发深水油气田海洋世界强国行列。

3. 重点解决的关键技术

(1)突破深水能源勘探开发核心技术。加大深水能源勘探开发工程技术研究力度，力争到2020年，初步建立具有自主知识产权的深水能源勘探开发技术体系，包括深水勘探技术、深水工程设计技术、配套实验基地和装备制造基地，实现深水油气田勘探开发技术由300米到3 000米水深的重点跨越，为我国深水油气田的开发利用提供技术支撑和保障。

(2)形成经济高效海上边际油田开发工程技术。推进以"三一模式"和"蜜蜂模式"为主的近海边际油气田开发技术，探索深水边际油气田开发新技术，包括中深水简易平台建造、小型FPSO应用相关技术、水下储油移动采储设施、简易水下生产设施，加快中深水、深水简易平台、简易水下设施研制和开发力度。

(3)建立海上稠油油田高效开发技术体系。建立以海上稠油注聚开发技术体系，开展海上油田早期注聚技术、多枝导流适度出砂稠油开发技术、高性能长效聚合物驱油剂合成技术、海上丛式井网整体加密综合调整技术、海上油田开发地震技术、多元热流体海上热采技术等新技术探索，为建成海上稠油大庆提供强有力的支撑。

(4)建立深水工程作业船队。到2020年，在3 000米深水半潜式钻井平台HY981、深水铺管船HY201、深水勘察船HY708、深水物探船HY720以及750米深水钻井船(先锋、创新号)的基础上，完成多功能自动定位船、5万吨半潜式自航工程船、1 500米深水钻井船(prospector)、750米深水钻井船(promoter)建造，并开展2×8 000吨起重铺管船、浮式液化天然气系统(floating liquefied natural gas system，FLNG)、浮式钻井生产储卸油装置(floating drilling production storage & offloading，FDPSO)等的设计建造，建立3 000米水深作业装备为主体的深水工程作业船队，全面提升我国深水油气田开发技术能力和装备水平。

(5)军民融合建立深远海补给基地。军民融合、统筹规划，加快南中国海岛礁、岛屿建设，有力保障军民深远海补给。加快南沙海域岸基支持的选址与建设。具体思路如下：①扩建永兴岛；②建设美济礁或永暑礁基地；③南薇滩，根据开发进度，选择建设南薇滩基地，可以作为南部三大盆地(万安、曾母、文莱-沙巴)的补给基地；④黄岩岛，黄岩岛位于我南海东大门，适合建设海洋气象综合观测站。

(6)稳步推进海域天然气水合物目标勘探和试采。建立较为完善的天然气水合物地球物理勘探和试验开采实验研究基地，圈定天然气水合物藏分布区，对成矿区带和天然气藏进行资源评价，锁定富集区，规避风险、促成试采，为实现天然气水合物的商业开发提供技术支撑。

(7)逐步建立海上应急救援技术装备。开展海上应急救援装备研制，包括载人潜器、重装潜水服、遥控水下机器人(remote operated vehicle，ROV)、智能作业机器人(autonomous underwater vehicle，AUV)、应急救援装备以及生命维持系统，加快应急救援技术研究，建立应急救援技术、装备体系。

4. 发展路线图

深海油气资源勘探开发产业发展路线图如图 8-3 所示。

(二)海洋可再生能源产业

1. 产业发展的意义

海洋可再生能源具有蕴藏量大、可持续利用、绿色清洁、能量变化有规律性和可预见性的特点。20 世纪 70 年代以来，随着世界能源供需矛盾不断加剧和气候变化日趋显著，发展可再生能源的浪潮在全球范围内兴起。作为可再生能源的重要组成，海洋可再生能源开发正在各国的能源战略中扮演越来越重要的角色。

目前世界上共有近 30 个沿海国家在开发海洋能和海洋风能技术。英国在海洋能(主要是波浪能、潮流能)技术上世界领先，美国、加拿大、挪威、澳大利亚和丹麦也有很多海洋能装置正在开发。各种类型的海洋能中，目前仅潮汐能开发利用技术相对成熟，其他几种海洋能开发利用技术尚处于概念研究阶段或样机研发阶段和示范试验阶段。与海洋能相比，海洋风能技术比较完善，已经进入商业化开发阶段。

在海洋可再生能源产业全球竞争中，逐渐形成了以欧洲和北美为两大核心技术密集区的海洋能产业发展格局。其中，欧洲地区以英国的海洋能技术发展最为迅猛、产业化前景最为明朗。此外，澳大利亚和新西兰等大洋洲国家由于海洋国土面积广阔、海洋能资源储量丰富，也正在加紧推动海洋能的技术开发与商业化应用，具备海洋能产业快速发展的有利条件。

我国海岸线长达 3.2 万千米，有 300 多万平方千米的管辖海域，面积大于 500 平方米的岛屿 6 961 个，海洋可再生能源资源十分丰富。“908”专项调查表明，沿岸及近海区域理论装机容量超过 18 亿千瓦。但目前海洋可再生能源在我国能源消费中的比重还很低，发展海洋可再生能源产业的前景广阔。

2. 产业发展目标

强化政策激励和市场引导，以需求牵引技术攻关，争取到 2030 年，全面掌握海洋可再生能源开发利用的关键技术，并实现商业化和规模化，形成比较完善的能源开发和技术装备开发生产体系和服务体系，逐步实现偏远海岛清洁能源

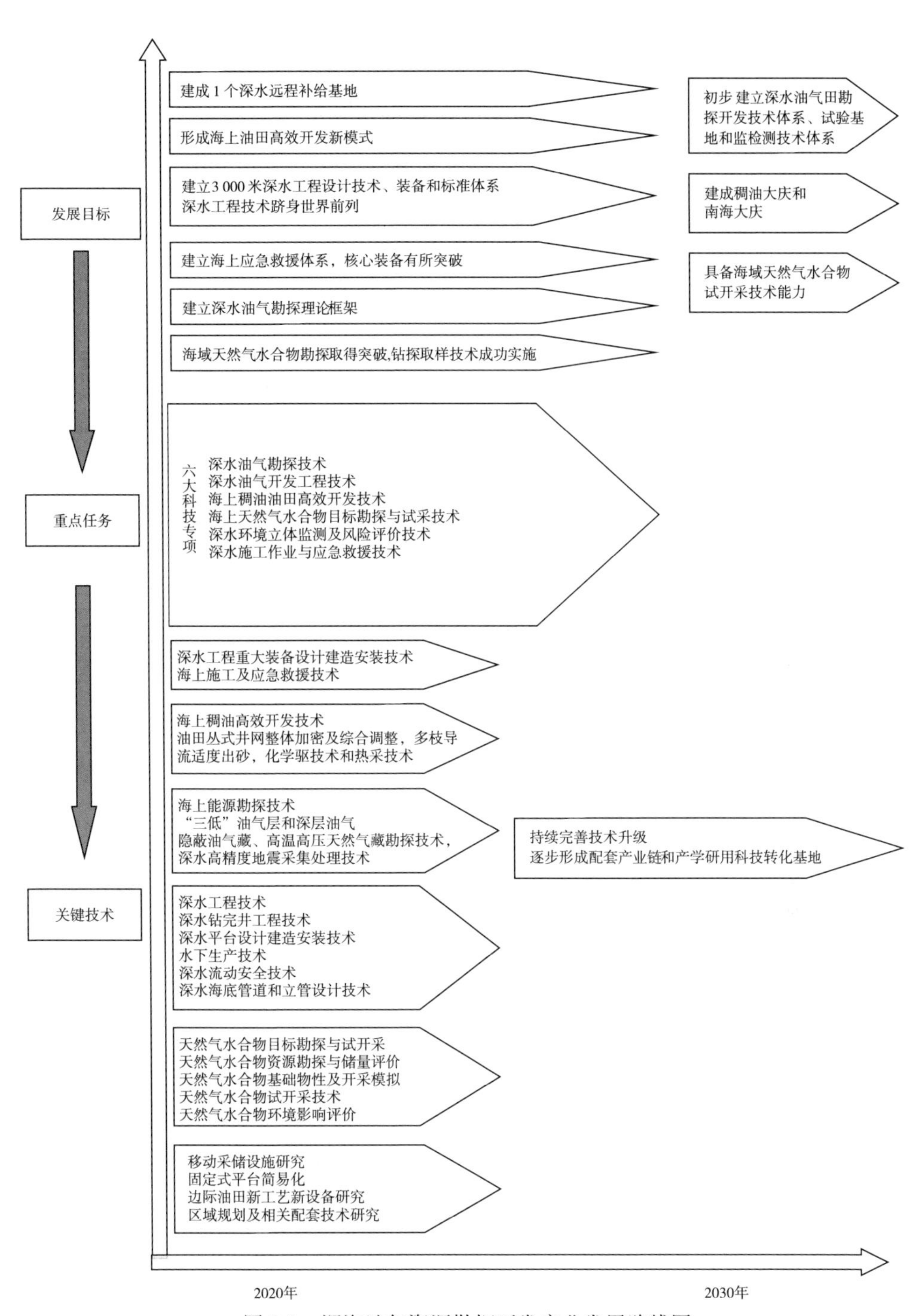

图 8-3　深海油气资源勘探开发产业发展路线图

供电，满足海岛社会发展的需要，近岸海洋经济发达区域清洁能源作为重要补充能源，促进近岸海洋经济发展；总装机容量达到1 100万千瓦。

到2015年，完成近海海洋可再生能源资源重点区域的详查和评估；突破近岸百千瓦级波浪能、潮流能发电关键技术，研建一批多能互补示范电站，开展兆瓦级潮流能和波浪能电站的并网示范运行；发展环境友好型潮汐电站关键技术，开工建设万千瓦级潮汐能电站；开展温差能发电装置研发，离岸风电技术实现产业化。总装机容量达到60万千瓦。开展特许权招投标、配额制、电价、制造补贴等政策研究；完善海洋能公共支撑平台，开展海洋能开发利用综合试验测试场的建设。

到2020年，开展深远海海洋可再生能源资源的普查和评估；实现近岸百千瓦级波浪能和潮流能发电装置的产业化和海洋风电规模化生产；建设千千瓦级的波浪能、潮流能发电场；海岛多能互补电站可靠运行；实现十万千瓦潮汐、潮流发电及百万千瓦海上风电的并网；建成百千瓦级潮流能、波浪能发电装置海上试验场。总装机容量达到120万千瓦。形成一批海洋可再生能源专业化公司或企业，海洋能产业初具规模，完善海洋能公共服务体系。完成特许权、配额、电价、制造补贴等政策的研究和制定工作。

到2030年，使海洋可再生能源在新增能源系统中占有一定的地位，成为能源供应体系中的补充能源之一。初步解决有人居住海岛的用电，使海洋可再生能源并网达到100万千瓦，离岸风电并网1 000万千瓦，完成5个温差能海上试验电站的研建。总装机容量达到1 100万千瓦以上。海洋能发电装置产品规模化生产，海洋能电站商业化运行，海洋能开发利用法律法规形成体系。

3. 重点解决的关键技术

海洋能转换技术的不成熟是目前制约海洋可再生能源产业发展的核心因素。在海洋可再生能源技术商业化应用方面，以潮汐坝技术最为成熟，目前世界上已经有数个装机容量百兆瓦级的潮汐能电站进入商业化运营；更多的海洋能技术正处于前商业化及1∶1比例尺系统测试阶段；很多规模在1～3兆瓦的示范项目正处于准备安装阶段，尤其是波浪能和潮(海)流能技术。然而，大多数海洋温差能和盐差能技术仍处于研发阶段。总体来说，完成整个研发阶段并达到商业化应用的系统仅有少数几个。

(1)潮汐发电技术。潮汐坝电站已成为迄今为止最成功的海洋能发电设施，特别是朗斯潮汐电站和安纳波利斯潮汐电站已长期运行，累计发电量较大。世界各地正继续开展新的潮汐电站建设，特别是韩国。与传统潮汐电站技术相比，潮汐延迟(tidal relay)和离岸潮汐泻湖等技术对环境更为友好。我国应在已有的潮汐发电长期实践基础上，适当探索改进潮汐坝发电技术，重点在规模化离岸潮汐发电、减轻潮汐发电环境影响、海域和海岸线节约集约综合利用方面加强研究。

(2)潮流发电技术。潮流发电处于发展的初期阶段，尚有大量的高能海域可供开发。水平轴式水轮机中，MCT SeaFlow 和 Hammerfest 水轮机都开展了 300 千瓦样机试验，后者已经并网供电。MCT SeaGen、Clean Current、Open-Centre 和 Tocardo 系统都经过了样机海试。Enermar Kobold 水轮机是垂直轴水轮机中最先进的设备之一，具有 1∶1 比例并网样机，并已实现发电。总的来说，这些技术代表着当前潮流能技术发展的最新模式。我国可通过产业化示范项目建设，加强对国际先进技术和装备的引进和吸收，在商业应用过程中逐步推进国产化，带动有关技术研发和配套产业发展。

(3)波浪发电技术。波浪能装置获取波浪能的方法有很多种，分别包括不同的动力输出类型。用于振荡水柱式波浪能发电技术的空气透平也可以应用到其他很多系统上，包括 Pico 振荡水柱式波浪能发电技术电站和 Islay Limpet 500 电站的几个岸基项目已经过长期并网发电的考验。很多其他系统(澳大利亚 Oceanlinx/Energetech 振荡水柱式波浪能发电技术，印度的 Vizhinjam 振荡水柱式波浪能发电技术，中国科学院广州能源研究所的振荡水柱式波浪能发电技术系统和日本开发的振荡水柱式波浪能发电技术系统等)都经过了海试。在线性发电机系统中，阿基米德波浪摆已在海上试过一个样机。大量波浪能设备都使用加压液压式动力输出，最成功的要数 Pelamis，也有一些其他设备已完成海上大比例样机测试，包括 McCabe Wave Pump、以色列 SDE 公司岸基波浪吸收装置、中国科学院广州能源研究所岸基振荡浮子、欧盟 FO^3 可持续经济高效波浪能转换装置项目、希腊波浪能点吸收式装置、Wave Star 和 WaveRoller 等。我国在波浪发电小型装置方面有较好的技术积累，但规模化并网发电系统研究基础相对薄弱，可密切跟踪欧洲波浪电站发展，择机通过国际合作方式在我国海域联合建设预商业化发电系统，提升我国波浪发电系统研发水平。

(4)海洋温差能发电技术。海洋温差能转换已经建设了几个示范电站，美国和日本的相关技术已证明其发电的可行性，而印度研制的装置已能提供大量淡水。虽然海洋温差能技术在我国大部分海域的应用潜力有限，但像加热、冷却和海水淡化等其他用途仍可以利用这一技术。此外，南海开发中，海洋温差能在海岛综合供水供电系统的开发中的应用前景看好。下一步，我们可致力于海洋温差能示范电站的研究开发，加强技术积累，为未来商业应用夯实基础。

(5)海洋盐差能发电技术。海洋盐差能发电技术目前仍然处于早期发展阶段；而缓压透析技术具有一定发展潜力，如膜技术能够取得重大进展，那么该技术将极有可能得到大规模应用。鉴于在短时间内海洋盐差能发电技术尚无应用的可能性，目前我国可将主要精力用于基础研究和国际技术跟踪方面。

4. 发展路线图

海洋可再生能源产业发展路线图如图 8-4 所示。

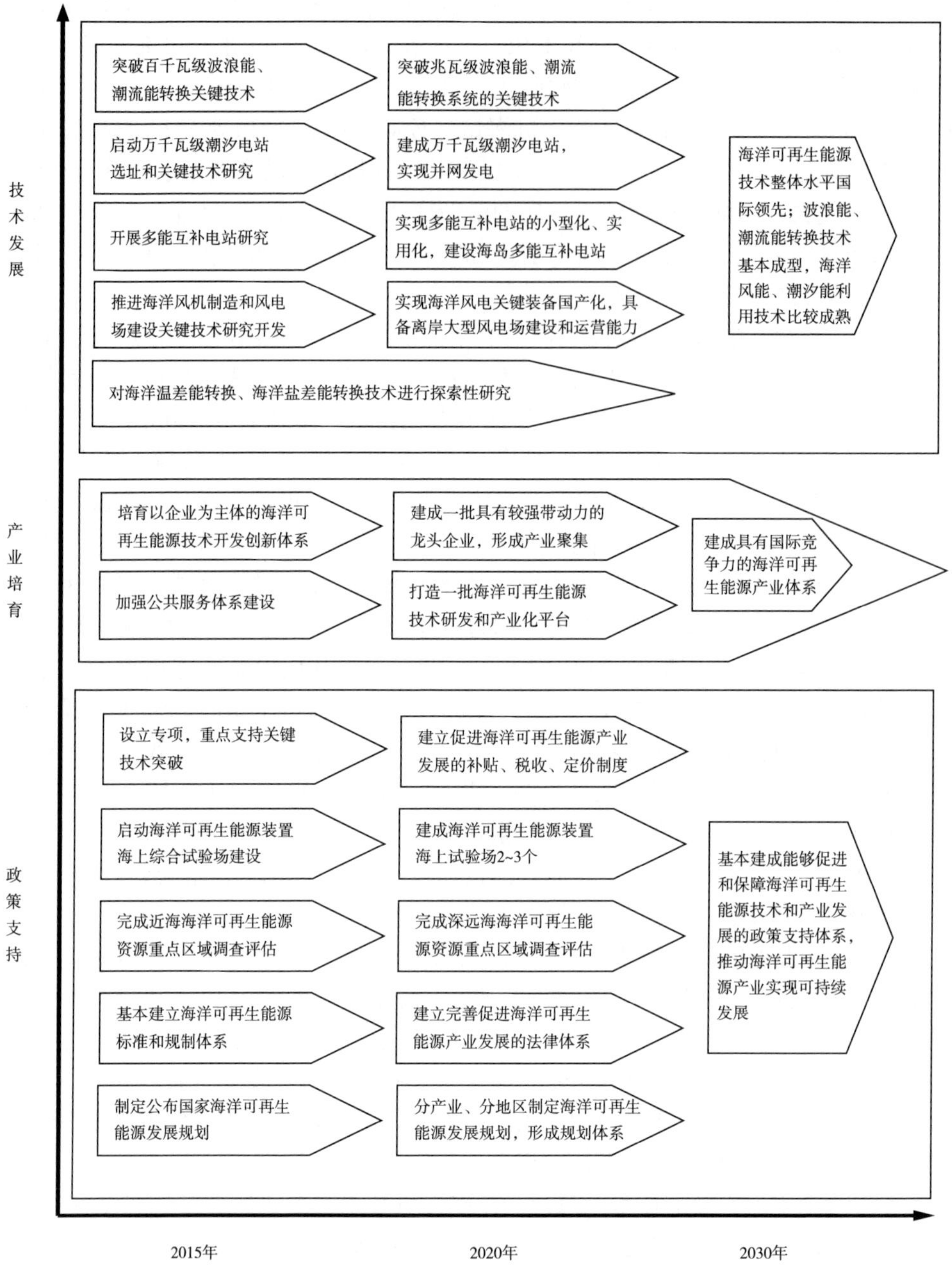

图 8-4　海洋可再生能源产业发展路线图

三、海水利用产业

海水利用产业主要包括海洋盐业、海洋化工业和海水利用业。海洋盐业是指利用海水生产以氯化钠为主要成分的盐产品的活动，包括采盐和盐加工。海洋化工业包括海盐化工、海水化工、海藻化工及海洋石油化工的化工产品生产活动。海水利用业是指对海水的直接利用和海水淡化活动，包括利用海水进行淡水生产和将海水应用于工业冷却用水和城市生活用水、消防用水等活动，不包括海水化学资源综合利用活动。

目前，我国海水综合利用产业发展已经迈出第一步，在“十一五”期间获得了较快发展，但是整体规模较小，层次不高，主要利用方式仍是水电联产，海水作为大生活用水进展缓慢。制约海水综合利用业发展的主要原因是经济技术成本过高造成的市场需求不足，但是随着沿海地区工农业发展及居民生活水平的提升，淡水资源需求不断提高，这对各地本来就紧张的淡水资源供给造成了更高的压力，而作为一种有效的陆地淡水资源的补充，随着技术进步所带来的成本降低，海水资源综合利用发展潜力巨大。同时，作为生产生活的基础性产业，在短期内国家政策和资金支持对海水综合利用业发展具有十分重要的作用。

海水综合利用产业在短期内要重点发展海水淡化、海水直接利用以及海水提溴、提镁等海水化学元素提取领域，其中海水淡化要重点推进，加快其高效化、低能化和规模化发展，中长期要突破海水提铀技术。

(一)海水淡化产业

1. 产业发展的意义

沿海地区是国家经济发展的前沿和核心，但这些区域恰恰是我国水资源最为短缺的地区。2009 年，我国沿海地区人均水资源量仅为 1 140 立方米，是全国人均水资源量的 63%，天津、河北、山东、辽宁和上海等人均水资源量更是不足 500 立方米，处于极度缺水境况中。同时，一些地区地下水超采严重，已引发了地面沉降、海水倒灌、生态环境恶化等一系列环境问题。水资源短缺已成为制约沿海经济可持续发展的瓶颈。海水淡化与综合利用是实现水资源可持续利用的开源增量和有效替代技术，是破解我国沿海地区水资源短缺困局、保障水资源安全供给的重要途径，可广泛应用于我国 150 多个沿海城市和 6 500 多个海岛上。

当前，我国沿海地区经济社会进入了新的快速发展时期，从南到北多个沿海国家战略(如天津滨海新区开发开放、山东蓝色半岛经济区开发建设、海峡西岸经济区开发等)都在深入推进实施，特别是“十二五”时期，沿海电力、石油化工、装备制造、钢铁等行业的趋海分布明显，其对水资源的安全供给和有效需求将更为迫切。由于沿海资源性缺水和水质性缺水并存以及南水北调工程的延迟通水，我国沿海(近海)地区缺水局面比以往更加严峻。因此，沿海地区迫切需要因地制宜、规模性开展海水淡化与综合利用，保障沿海多个国家战略的顺利实施。

作为环保型新技术，海水淡化与综合利用具备国家战略性新兴产业的特征和潜质，市场前景广阔。不仅可形成产水供应和装备制造两大产业，而且带动钢铁、机械、电子、零部件和清洁能源等产业发展，同时淡化后的浓海水可实现综合利用。在国务院《关于加快培育和发展战略性新兴产业的决定》(国发〔2010〕32号)中，“海水综合利用”作为“节能环保”领域的重要内容之一被列入其中。目前，国内已建成的万吨级海水淡化工程几乎全部采用国外技术。突破关键核心技术和重大装备的制造技术、建立海水淡化与综合利用规模示范工程，提升海水淡化与综合利用成套装备国产化水平，加快自主产业的培育和发展已迫在眉睫。这对于发展海洋战略性新兴产业、推动我国产业结构升级调整、缔造海洋强国具有重大的现实意义和战略意义。

2. 产业发展目标

到2020年，我国海水淡化规模达到340万～380万立方米/日，海水直接利用规模达到1 500亿立方米/年；海水淡化对海岛新增供水量的贡献率达到55%以上，对沿海缺水地区新增工业供水量的贡献率达到20%以上；海水淡化原材料、装备制造自主创新率达到80%以上；攻克海水淡化和综合利用核心技术，关键技术、装备、材料的研发和制造能力达到国际领先水平。

到2030年，我国海水淡化规模达到580万～620万立方米/日，海水直接利用规模达到2 000亿立方米/年；海水淡化对海岛新增供水量的贡献率达到60%以上，对沿海缺水地区新增工业供水量的贡献率达到30%以上；海水淡化原材料、装备制造自主创新率达到85%以上；掌握先进海水淡化和综合利用共性、关键和成套技术，关键技术、装备、材料的国际竞争力显著增强。

3. 重点解决的关键技术

1)2万吨/日自主创新低温多效海水淡化规模技术

重点攻克低温多效蒸馏海水淡化节能工艺技术、廉价海水淡化专用材料开发、蒸发器等关键装备设计及制造技术，并开展中小型装备标准化定型及制造和大型装备研发制造；开展排放处置技术、浓缩液减量技术等浓盐水处置技术研究；建成2万吨/日自主创新低温多效海水淡化规模示范工程。

2)2万吨/日以国产能量回收和国产膜为主的反渗透海水淡化规模技术

开展大型反渗透海水淡化膜及组件性能优化研究、大型反渗透海水淡化国产高压泵、能量回收装置的开发，实现反渗透膜、高压泵和能量回收装置国产化生产；研究反渗透海水淡化装备测试评价技术，建设开发海水淡化综合试验平台；建成2万吨/日以国产能量回收和国产膜为主的反渗透海水淡化规模示范工程。

3)大型海水循环冷却环境友好化技术

开展绿色化学处理、不锈钢缓蚀阻垢、高浓缩倍率运行、含油海水微生物控制等环境友好化海水循环冷却技术研究；开展海水预处理、海水循环冷却、海水淡化水处理药剂研发，并实现产业化生产，建立我国海水利用水处理药剂研发生产基地。

4)大生活用海水环境友好关键技术

开展环境友好海水净化技术研究、大生活用海水物化强化处理技术优化研究、大生活用海水生物处理新工艺研究、含盐污泥处理与减量化技术研究、城市污水处理厂受纳大生活用海水后的处理工艺改造技术研究；完成大生活用海水输送设备、净化设备、净水药剂、污水处理装备等产品的定型，进行大生活用海水技术装备产业化示范。

5)海水化学资源综合利用成套技术与装备

探索浓海水综合利用关键技术，实施海水提钾大型成套技术和装备开发与产业化、浓海水提取多品种氢氧化镁及镁系物高效节能技术研发、膜法提溴新工艺关键技术与装备开发，以及浓海水综合利用产业化关键技术研究与装备开发等。

四、海洋制造与工程产业

海洋制造与工程产业主要是指海洋船舶工业，是以金属或非金属为主要材料，制造海洋船舶、海上固定及浮动装置的活动，以及对海洋船舶的修理及拆卸活动。

随着海洋开发的不断深入，资源开发呈现出由近海向远洋、由浅海向深海的发展趋势，由此对海洋高端装备的需求不断加大，海洋油气开发对海洋大型钻井作业平台的需求、海洋能开发对海洋电力设备的需求、深海勘探对深潜器的需求、远洋运输和捕捞对特种船舶的需求等都在持续增加，海洋高端装备制造产业面临巨大的发展空间。同时，海洋高端装备制造业作为基础性产业部门，对其他海洋产业发展具有强大的支撑带动作用，产业关联性较强，海洋油气产业、海洋交通运输业、海洋新能源产业等海洋产业实现可持续发展都一定程度上依赖于海洋高端装备制造业的进步。因此，在“十二五”期间海洋高端装备制造产业在海洋战略性新兴产业发展中处于重要地位，要重点部署，合理规划，加快推进。海洋高端装备制造产业在短期内要配合相关海洋产业重点发展海上油气钻井平台、深潜器、大型特种船舶、海洋风力发电设备，中长期发展要着眼于大型海上漂浮式作业平台、波浪能和温差能电力设备、深海金属矿产开采设备等尖端科技领域。

（一）绿色船舶制造产业

1. 产业发展的意义

船舶作为当今经济发展重要的运输工具之一，拥有着其他运输工具无法比拟的优势。随着世界经济一体化进程的加快，世界造船市场异常火爆，船舶需求量达到了前所未有的程度。但与此同时，船舶所带来的环境污染等问题也越来越成为人们关注的焦点，绿色船舶已成为未来船舶发展的代名词。

近年来，国际上对海洋运载装备节能减排、环保高效方面的关注程度越来越高，世界造船强国纷纷加紧生态运载装备及技术的研发，国际海事新规则、建造新规范不断出台，可以预见，未来海洋科技的竞争就是海洋装备的竞争，而海洋装备的竞争终将归结为绿色装备的竞争。超级生态运载装备的研发是未来我国船舶工业可持续发展和提升国际竞争力的重中之重。

目前，我国在超级生态运载装备研发方面相对于欧、日、韩等还存在不小差距，在相关基础技术的研发上缺乏积累，面对国际新规则、新规范的变化基本还处于被动接受的地位，在国际规则、规范的制订、修订过程中缺少话语权，与我国世界造船大国的地位极不匹配。大力发展节能环保的绿色船型、动力设备和配套设备，是促进我国海洋运载装备工业健康持续发展的重要保障。

2. 产业发展目标

为应对国际造船与海运产业的绿色技术革命热潮，以及严重影响我国经济发展安全的海洋资源开发与核心利益保护两类严峻挑战，我国船舶制造产业应以发展“绿色技术”和“深海技术”为两大着力点，集中力量攻克“绿色”船型、动力、配套设备技术，发展相应的研发制造能力，实现海洋经济发展方式的升级与转型。

2015 年目标：初步形成绿色船舶研发基础科研体系；掌握部分绿色船舶装备的关键技术。

2020 年目标：基本实现高技术、高附加值新型船舶和配套设备的自主开发设计能力；提高自主研发新型海洋装备的制造能力，年制造量占世界市场份额超过 20%，与我国发展为世界第一造船强国地位相适应；掌握绿色船舶装备的核心研发技术。

2030 年目标：我国自主设计制造的绿色船舶装备，在世界上发挥主导作用；造船工效、利润率、能耗与减排率达世界领先水平；绿色船舶装备年制造量占世界市场份额超过 35%，与我国发展为世界海洋装备强国地位相适应；建设成为世界海洋装备强国；船舶装备技术水平与制造能力满足作为一个世界强国的全球战略需要；拥有在国际海洋装备领域实力最强的人才队伍。

3. 重点解决的关键技术

以国际主流趋势和先进技术为发展方向，集中力量攻克超级生态运载装备相关的船型设计技术、节能降耗动力技术、环保高效配套设备等核心技术，逐步形成超级生态运载装备自主设计制造能力，为提高我国船舶工业国际竞争力、培育绿色船舶及海洋工程装备新兴产业、实现海洋经济发展方式的升级与转型奠定技术基础。

(1)船舶节能环保动力设备技术。其主要包括：节能减排新型船舶低、中速柴油机动力技术，柴油智能电喷与润滑油电控技术，燃料电池与液化天然气(liquefied natured gas，LNG)等新型船舶动力技术，离岸深水海上浮式风电基阵技术等。

(2)船舶节能环保配套设备技术。其主要包括：新型高效节能发电机组技术，低功耗、安静型叶片泵与容积泵技术，高效低噪声风机、空调与冷冻系统技术，船舶主动力系统余热余能利用技术与装置研发，新型节能与洁净舱室设备技术，高效压载水处理系统技术，不含三丁基锡(tributyltin)的防污与减阻涂料和表面处理技术，船用垃圾与废水洁净处理技术等。

(3)绿色内河船及江海直达运输船标准船型系列研发技术。其主要包括：21世纪绿色内河船舶标准船型系列研发，江海直达运输船标准船型系列研发，台湾海峡高速穿梭客运船型技术，台湾海峡特殊风浪环境数据库开发，高海情高适航性系列优秀船型设计，高速水上运输网络技术等。

4. 发展路线图

近期(2013～2020年)拟重点发展的装备方向有：适应国际造船新标准的主流船型的升级换代；提高双高船舶的设计建造能力；新航线、新航道船舶的开发；面向国内需求，发展内河运输船舶。拟突破的主要关键技术有：主流船型优化设计及换代技术；LNG双燃料动力船关键技术研究；超大型LNG运输船、超大型集装箱船、冰区船舶等关键技术研究；降低新船能效设计指数的先进技术及评估软件研究；船舶减阻增效技术及高性能涂料的应用研究；基于海洋摩擦学的船舶与海洋结构物的可靠性研究；等等。

中期(2021～2030年)的重点方向是低能耗船舶、绿色燃料船舶、电动船、极地级船舶、压缩天然气(compressed natural gas，CNG)船。拟突破的关键技术有：气泡润滑技术、气腔系统、混合材料、组合推进系统、无压载水的船舶、天然气动力技术、混合动力技术、岸电技术、新型破冰船技术、北极救生船技术、冰区导航软件、冰负荷监控技术、海盗侦测与震慑技术、船联网技术。

远期(2031～2050年)的重点方向是数字船舶、虚拟船舶、新能源船舶、可燃冰船。拟突破的关键技术有：船舶-港口同步技术；整合船舶设计工具；模型化船机设计；模型化船体设计；e-导航技术；先进的气候导航系统；风能推进系统技术；核能商船测试技术、扩散控制技术、放射性废物储存技术；生物燃料动力技术；二氧化碳捕捉技术。

绿色船舶制造产业发展路线图如图 8-5 所示。

图 8-5　绿色船舶制造产业发展路线图

(二)海洋工程装备产业

1. 产业发展的意义

海洋工程装备是人类开发、利用和保护海洋活动中使用的各类装备的总称，是海洋经济发展的前提和基础，处于海洋产业价值链的核心环节。海洋工程装备制造业是战略性新兴产业的重要组成部分，也是高端装备制造业的重要方向，具有知识技术密集、物资资源消耗少、成长潜力大、综合效益好等特点，是发展海洋经济的先导性产业。

浩瀚的海洋蕴藏着丰富的资源，主要包括海洋矿产资源、海洋可再生能源、海洋化学资源、海洋生物资源和海洋空间资源五大类。紧密围绕海洋资源开发，大力发展海洋工程装备制造业，对于我国开发利用海洋、提高海洋产业综合竞争力、带动相关产业发展、建设海洋强国、推进国民经济转型升级具有重要的战略意义。

2. 产业发展目标

经过十年的努力，使我国海洋工程装备制造业的产业规模、创新能力和综合竞争力大幅提升，形成较为完备的产业体系，产业集群形成规模，国际竞争力显著提高，推动我国成为世界主要的海洋工程装备制造大国和强国。

1)产业规模位居世界前列

2015年，年销售收入达到2 000亿元以上，工业增加值率较“十一五”期末提高3百分点，其中海洋油气开发装备国际市场份额达到20%；2020年，年销售收入达到4 000亿元以上，工业增加值率再提高3百分点，其中海洋油气开发装备国际市场份额达到35%以上。

2)形成若干产业集聚区和大型骨干企业集团

重点打造环渤海地区、长江三角洲地区、珠江三角洲地区三个产业集聚区，2015年销售收入均达到400亿元以上，2020年提高到800亿元以上；重点培育5～6个具有较强国际竞争力的总承包商，2015年销售收入达到200亿元以上，2020年提高到400亿元以上。

3)技术水平和创新能力显著提升

全面掌握深海油气开发装备的自主设计建造技术，装备安全可靠性全面提高，并在部分优势领域形成若干世界知名品牌产品；突破海上风能工程装备、海水淡化和综合利用装备的关键技术，具备自主设计制造能力；海洋可再生能源、天然气水合物开发装备及部分海底矿产资源开发装备的产业化技术实现突破；海洋生物质资源开发利用装备、极地特种探测/监测设备的研发能力和技术储备明显增强。

4)关键系统和设备的制造能力明显增强

2015年，海洋油气开发装备关键系统和设备的配套率达到30%以上，2020年达到50%以上；在海洋钻井系统、动力定位系统、深海锚泊系统、大功率海洋平台电站、大型海洋平台吊机、自升式平台升降系统、水下生产系统等领域形成若干品牌产品；具备深海铺管系统、深海立管系统等关键系统的供应能力；海洋观测/监测设备、海洋综合观测平台、水下运载器、水下作业装备、深海通用基础件等实现自主设计制造。

3. 重点解决的关键技术

(1)勘探与开发装备关键技术，包括：高性能物探船、深水工程勘察船、深水起重铺管船、全球综合资源调查船基本设计技术，钻井平台(船舶)功能规划及总布置技术等。

(2)生产与加工装备关键技术，包括：浮式生产平台水动力及结构分析设计技术，大型油气加工处理模块、深水系泊系统设计和集成技术，FPSO单点系泊系统、LNG-FPSO、液化石油气-浮式生产储卸油装置(liquefied petroleum gas-floating production storage and offloading，LPG-FPSO)、深吃水立柱式生产平台、TLP生产平台、FDPSO设计建造技术等。

(3)储存与运输装备关键技术，包括：深海FSO、穿梭LNG船关键设计技术、液化天然气-浮式存储和再气化装置(liquefied natural gas-floating storage and regasification unit，LNG-FSRU)设计建造技术等。

(4)海洋作业与辅助服务装备关键技术，包括：大功率深水三用工作船、多功能作业船、大型 ROV 支持船基本设计技术等。

(5)特种海洋资源开发装备关键技术，包括：海上及潮间带风机安装平台基本设计技术，海上浮式风能利用结构物设计技术，大型热法/膜法海水淡化、大型海水循环冷却、海水提取钾溴镁等关键技术，海洋能开发装备设计制造技术，海底天然气水合物开发装备概念设计技术，大洋采矿作业船概念设计技术等。

(6)大型海洋浮式海洋结构物关键技术，包括海上综合补给基地设计制造技术等。

(7)水下系统和作业装备关键技术，包括：水下生产系统、深水立管系统设计制造关键技术，物探作业 ROV/AUV 关键技术，多功能水下作业机具关键技术等。

(8)关键系统与设备关键技术，包括：海洋监测、观测仪器与设备关键技术，动力定位系统、平台升降系统、大功率动力模块、深水系泊系统、油气装卸载系统、水下铺管系统设计和集成技术，水面溢油回收处理装备关键技术，海上钻井/修井/固井系统设计制造技术等。

4. 发展路线图

海洋工程装备产业发展路线图如图 8-6 所示。

	2015年	2020年	2030年
发展目标	基本形成洋工程装备产业的设计制造体系，基本满足国家海洋资源开发的战略需要	形成完整的科研开发、总装制造、设备供应、技术服务产业体系，打造若干知名海洋工程装备企业	创新能力达到世界一流，成为世界海洋工程装备强国
重点任务	大力发展主力海洋工程装备、部分新型海洋工程装备，以及关键配套设备和系统	全面发展新型海洋工程装备、水下生产系统以及关键配套设备和系统	大力培育海洋工程装备产品创新能力
关键技术	产品自主设计和总包建造技术	产品自主开发技术	产品自主研发技术

图 8-6 海洋工程装备产业发展路线图

（三）海洋工程建筑业

1. 产业发展的意义

随着我国经济、社会发展，海洋活动日趋频繁，对各种类型海洋基地的需求越来越迫切。以支持我国参与全球海洋国际竞争与合作，服务深远海开发与沿海经济可持续发展，带动和引领内陆经济开放与交流，保护海岸带与近海自然资源与环境为主要目的，科学规划和建设一系列综合性海洋基地工程，形成能够满足现代化建设需求的，多层次、立体化的“海岸—近海—深海大洋”海洋基地体系，应当成为我国海洋强国战略需要优先考虑的一个重点领域。

2. 产业发展目标

到2020年，启动和建设面向深远海、极地、专属经济区、近岸海域（海岛）开发与保护的重大（软、硬件）工程。初步在三大海域建成具有大洋纵深探索与开发服务能力，管辖海域权益维护和开发补给能力的综合性基地。

到2030年，建成深远海、极地开发保护与内陆开发一体的全球尺度海陆产业关联轴带。

3. 重点解决的关键技术

1）实施深远海勘探开发与极地科考服务基地工程

建立我国面向三大洋和南北极的勘探、开发、科考重大工程，依托港口-城市群，以及涉海大学、研究机构、领军企业群，建立面向太平洋、大西洋、印度洋以及南北两极的服务基地[①]。可以考虑以青岛、大连、天津面向北极和西北太平洋，以上海、宁波、厦门面向东、南太平洋和南极，以广州、深圳、三亚面向印度洋建设基地。

2）实施海洋专属经济区开发综合基地工程

建立以青岛、上海、广州为中心的黄海、东海、南海开发补给和服务基地综合体建设，实现区域性海洋经济开发与产业布局的有序分工与协调。

3）实施通海国际合作基地工程

谋划论证和推进建设我国内陆沿河、沿路跨境通海廊道工程体系，主要包括：推进大图们江倡议项目下的我国吉林省借图们江通日本海，湄公河流域次区域合作云南经湄公河至南中国海，云南借助滇缅公路和中缅输油管道到印度洋，新疆经巴基斯坦公路通向印度洋（阿拉伯海），新疆经中亚国家（公路、铁路、管道）通向里海等。为确保上述计划的实施，先期在吉林、云南、新疆等省份选择

① 美国的伍兹霍尔、斯科瑞普斯两大海洋中心实际分别面对大西洋和太平洋，阿拉斯加州有关机构和产业面向北极，加拿大、澳大利亚也有类似的海洋研究与开发相应机构与产业布局。

边境城市建立综合性基地，为工程实施提供保障与支撑。

4)设立海洋开发综合基地示范工程科技专项

以青岛蓝色硅谷核心区建设为主要载体，以国家海洋科学与技术实验室、国家深海基地等为主体，以相关大学(山东大学青岛校区、中国海洋大学等)为支撑，设立实施海洋开发综合基地示范工程科技专项。广泛借鉴国际经验，分析引进涉海国际研究机构、国际涉海大学、国际产业网络的可行性，围绕跨国、跨机构整合的顶层设计理念与条件需求，探讨国际化“链接”与深度推进的路径创新模式，建设国家首个深远海开发创新服务基地。

五、海洋物流产业

(一)离岸深水港工程

1. 发展意义

经过多年发展，我国海岸线中比较适合港口建设的优良港湾和天然岸线大多得以开发，原来不太适合建设港口的岸线也开始用来建港。综合国力的提高和港口建设技术的进步也促进了港口建设不断走向外海、走向深水。越来越多陆岛交通设施和海上大型人工岛建设开始出现在人们的视线中，而这些工程项目更多的处于离岸深水位置。此外，离岸深水工程技术也是海岛开发，特别是深海大洋海岛开发所必须掌握的关键技术，因此对于维护国家主权和海洋权益是十分必要的。

深水港建设面临诸多新的工程技术问题。“十一五”期间交通运输部曾组织“离岸深水港建设关键技术”专题研究，但是由于离岸深水港建设尚缺少工程实践和足够的试验研究，还有很多关键技术没有解决，因此设立离岸深水港工程技术专项，深化对有关问题的研究是十分必要的。

2. 发展目标

到2015年，全国离岸深水港泊位达到30个。上海洋山港初具规模，年吞吐能力达1 500万标准箱，使上海港的吞吐能力增加一倍。

到2020年，全国离岸深水港泊位达到50个。争取在环渤海、长江三角洲、珠江三角洲地区和南海西沙群岛各启动一个离岸深水港的规划建设。积累深水港建设经验，填补超大型货运集装箱码头建设空白。

到2030年，全国离岸深水港泊位达到100个。天津、青岛、上海、宁波—舟山等国内大港深水港区建设基本完成。南海南部深水港项目建设启动。

3. 重点解决的关键技术

针对水运工程来讲，由于大部分在航船舶营运吃水不超过20米，因此天然水深超过 20 米就可以定义为深水。在该水深区域，大体积混凝土构件所承受的波浪力已经相当可观。离岸港由于远离大陆，建筑材料的运输、堆存，施工基地的建设和人员生活给养的补充都变得十分困难，缺少必要的工程和生活依托使得施工条件恶化，不仅大大增加了工程难度，而且直接影响设计思想和设计原则。

离岸型深水大港规划建设的重点内容主要包括：大型离岸生活区的建设、疏港交通运输的建设、深海全新海况环境的适应性、水工结构设计面临的新问题等；主要攻关方向包括海洋动力环境与深水港规划布置、海工建筑物耐久性与寿命预测、波浪作用下软土地基强度弱化规律与新型港工结构设计方法、深水大浪条件下外海施工技术与装备等，具体如图 8-7 所示。

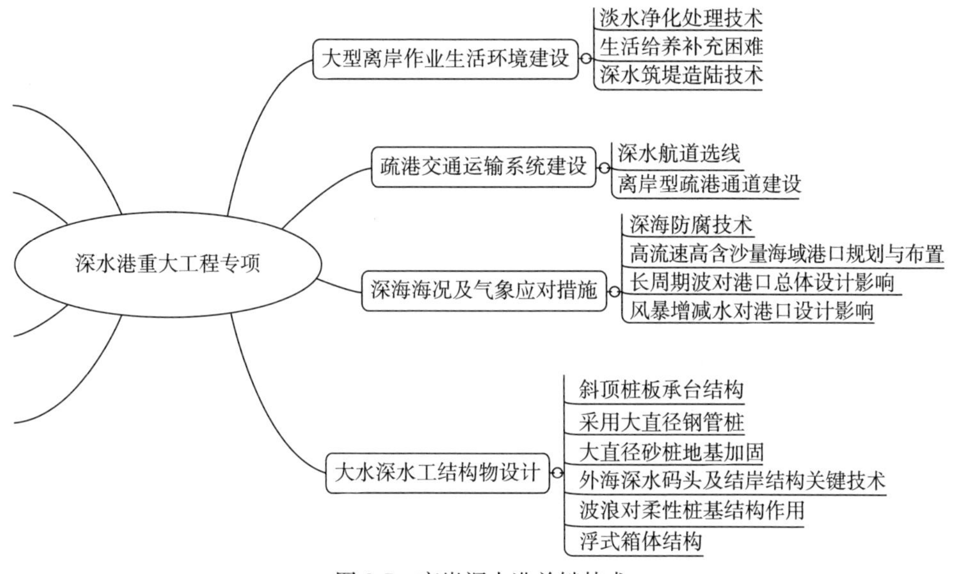

图 8-7 离岸深水港关键技术

(二)跨海通道工程

1. 发展意义

跨海大桥、海底隧道是将受海洋阻隔的两个区域连为一体的大型跨海通道工程。跨海通道可以规避船舶运输时受天气影响的因素，保证全天候、全时段通车。其最主要的作用是减少了跨地区运输的时间和成本，也可以有效减少长途运输对环境的污染。

随着沿海经济社会发展和区域间交通交流需求的增长，一些大型跨海通道项目近年来逐渐提上日程。从工程技术上来看，我国已经初步具备了设计、建造大型跨海大桥和海底隧道的能力，并在近些年的建设实践中积累了一定的经验。未来，在渤海海峡、台湾海峡、琼州海峡规划建设大型跨海通道工程，乃至建设中韩国际跨海通道工程，不仅有利于加强区域间的交通交流，同时，大型工程投资对经济发展也将产生直接的拉动作用。

2. 发展目标

2020 年，基本完成全国沿海大江大河河口通道工程、海湾通道工程和较大岛屿陆连工程，形成贯通我国沿海地区的交通通道系统。2030 年，启动渤海跨海通道、台湾海峡跨海通道和琼州海峡跨海通道工程。

3. 重点解决的关键技术

跨海通道建设的主要内容包括三个层次：一是沿海地区大江大河河口（如长江口、珠江口）、海湾湾口（如胶州湾、杭州湾）的跨海通道工程，以及沿岸海岛（如舟山群岛、厦门岛）陆连通道工程，主要目的是打通沿海市、县级区域板块的跨海交通瓶颈，其长度为数千米至数十千米，投资规模多为数十亿元级、少数达到百亿元级。该类跨海通道工程建设目前正在全国范围内展开。二是海峡跨海通道工程，包括渤海海峡通道、台湾海峡通道和琼州海峡通道，主要目的是连接省级地缘板块，其长度为数十千米至百千米，投资规模为百亿元级。三是国际跨海通道，如构想中的中韩日跨海大通道，主要目的是跨海连接国家之间的公路、铁路系统，长度为百千米级，投资规模在千亿元级以上。

跨海通道技术攻关的重点方向是，围绕跨海通道耐久性结构工程建设需要，针对复杂海洋环境与远海深水施工特点，重点突破超长跨越桥梁、海底超长隧道、大型海上人工岛等建设的核心技术，提升跨海大型结构工程建设质量和耐久性。其关键技术包括：跨海大型结构工程综合防灾减灾理论、技术及装备；超大跨桥梁结构体系与设计技术；远海深水桥梁基础施工技术及装备；跨海超长隧道结构体系、建造技术及装备；海上人工岛适宜结构体系、修筑技术及装备，具体如图 8-8 所示。

六、海洋环保产业

1. 产业发展的意义

改革开放以来，我国沿海地区社会经济经历了一个快速发展的阶段，但是在海洋资源开发利用过程中只重视对资源的索取，而对海洋生态及环境的保护相对力度不足，导致我国海洋生态环境问题日益突出，近岸海域污染严重，赤潮灾害多发，海洋溢油等突发性事件的环境风险加剧等。近岸局部海域受无机氮、活性磷酸盐等影响。2012 年，我国约 6.788 万平方千米海域水质劣于第四类海水水质标准，约 1.9 万平方千米海域呈重度富营养化状态，81%实施监测的河口、海

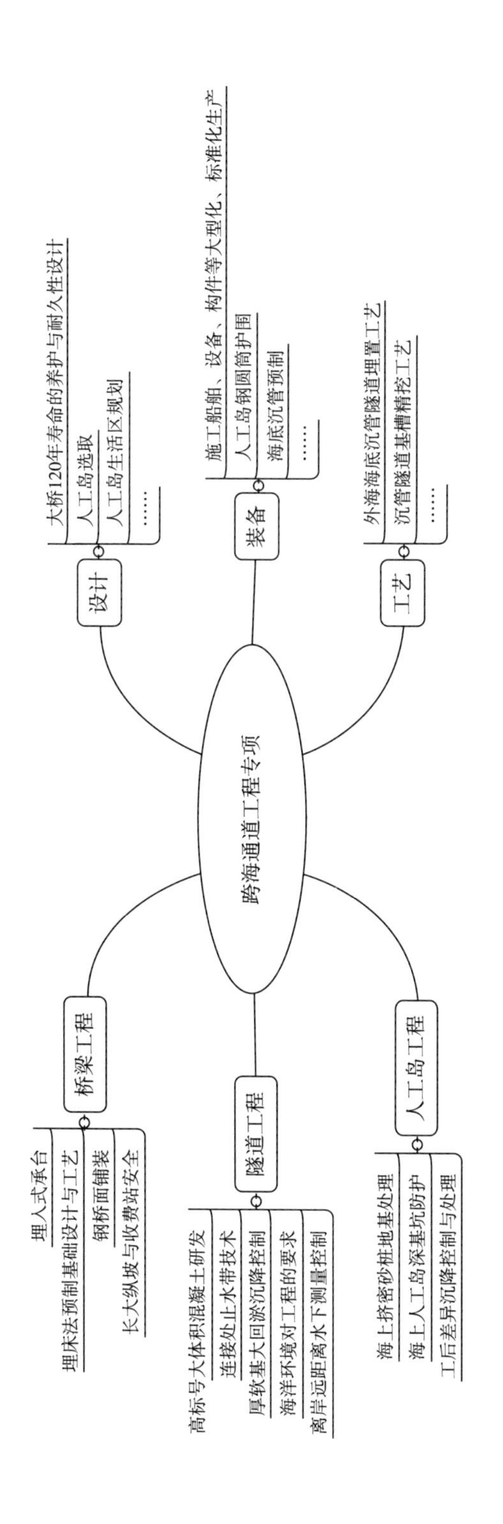

图8-8　跨海通道工程主要内容

湾等典型海洋生态系统处于亚健康和不健康状态。全海域发现赤潮 73 次，累计面积 7 971 平方千米。蓬莱 19-3 油田溢油事故和大连新港“7·16”油污染事件对邻近海域生态环境造成的污染损害依然存在。我国海洋环境已成为制约海洋产业健康发展的重要因素之一，海洋环境保护亟待大力发展。海洋环保产业是海洋环境保护的直接体现和表征。

随着国家新一轮沿海发展战略的实施，海洋可持续发展面临更为严峻的挑战。在社会经济快速发展的今天，环境改善已成为关系民生、增进人们福祉的重大问题，国内海洋环境保护需求旺盛。通过海洋环境保护产业的发展，可促进海洋环境综合治理，提高海洋环境保护技术发展水平，进而达到控制海洋环境污染，保护海洋生物多样性，最终达到改善海洋环境质量、保障海洋食品安全、维护海洋生态系统健康、保护海洋生态安全的目标。

党的十八大将生态文明建设纳入中国特色社会主义事业总体布局，明确提出建设资源节约型、环境友好型“美丽中国”的发展目标；要求把生态文明建设放在突出地位，融入经济建设、政治建设。海洋生态文明是我国建设生态文明不可或缺的组成部分，建设美丽中国离不开美丽海洋。在建设海洋生态文明的进程中，加快推进海洋环保产业的发展，提高海洋污染防治技术手段，改善海洋生态，探索沿海地区工业化、城镇化过程中符合生态文明理念的新的发展模式，是建设海洋生态文明不可或缺的内容。

2. 产业发展目标

围绕“建设海洋强国”、“大力推进生态文明建设”的国家发展战略部署，坚持保护优先、预防为主的方针，面向“十二五”和“十三五”期间国家战略产业布局规划的需要，结合海洋环境保护的发展趋势，提出重点发展领域、重点研究内容和重点发展技术，以及技术路径，包括海洋环境保护监测技术、海洋环境应急处理技术和海洋生态修复技术，促进海洋环保产业颠覆性技术和海洋环保产业体系的形成，并给出相应的政策建议，使海洋生态修复技术、环境监测、预警与应急等海洋环境管控能力显著提升，引导我国海洋环保产业跨越式发展，为我国“十二五”和“十三五”，乃至更长期的海洋环境保护规划和布局提供决策支撑。

1)2015 年目标

(1)提升海洋生态环境监测设备核心技术研发和创新水平，提升国产化水平；开展海洋生态环境监测网络建设。

(2)提升海洋风险应急设备核心技术研发和创新，提升海洋生态环境风险的综合管控能力，提高应对污染灾害、溢油、危化品泄漏等灾害风险的水平。

(3)提升突破海洋环境保护的技术创新能力，研究开发适合我国海洋环境保护需求的海洋生态修复技术，如赤潮、富营养化等的治理和生态修复。

2)2020年目标

(1)掌握海洋生态环境监测设备核心技术，国产化水平达到50%，初步形成以企业为主体的技术创新体系。大力发展海洋生态环境监测网络，近岸海域生态环境实时监测网络能够覆盖所有重点保护区域和典型海洋区域，各监测网数据联网共享，基本形成区域海洋生态环境监测预报体系。

(2)全面提升海洋生态环境风险的综合管控能力，污染灾害、赤潮(绿潮)、溢油、危化品泄漏、海岸带地质等灾害风险；保障海洋生态安全，促进海洋经济持续发展。

(3)提升突破海洋生态保护与修复的技术创新能力，初步形成较为全面、适用的海洋生态修复技术体系；近海生态系统健康状况和生态服务功能保持稳定。

3)2030年目标

(1)海洋生态环境监测设备技术创新达到国际先进水平，基本实现国产化，产业化体系完备；近岸海域生态环境立体监测网络能够覆盖近海和部分远海区域，海洋环境监测和预警能力达到国际先进水平。

(2)海洋生态环境风险的综合管控能力达到国际先进水平，海洋环境风险应急设备产业化体系完备。

(3)氮磷营养物质排海量得到有效控制，近海富营养化程度显著下降；近海生态系统结构稳定，海洋生态系统健康状况明显改善，生态服务功能得以恢复。

3. 重点解决的关键技术

1)海洋环境保护相关监测技术

重点是提高自主开发监测设备的稳定性、准确性和良好的维护性，加强海洋在线式环境监测仪器的技术研发。未来一段时间我国海洋生态环境监测设备的主要发展任务是要进一步加强系统集成能力，发展大规模、阵列化的海洋生态环境监测平台系统。海洋监测技术和海洋监测系统向高效率、立体化、数字化、全球化方向发展，目标是形成立体监测系统。关键技术包括如下几种。

(1)海洋环境与生态长期原位观测传感器。加强在线式水质、营养盐、石油烃、重金属、磷酸盐、氯化物、氟化物、生化需氧量(biochemical oxygen demand，BOD)分析仪、化学需氧量(chemical oxygen demand，COD)分析仪等监测传感器，提高设备及系统的稳定性、维护性、准确性和长期工作能力。

(2)海洋监测设备系统集成技术。重点解决海洋生态与环境监测设备的众多测量探头、传感器合理地集成在一起，使其有序、高效工作，又不相互影响，并达到系统安全和稳定。

(3)海洋生态与环境监测平台建设。其具体包括生态浮标、拖曳式多参数剖面测量系统、潜标、漂流浮标等系统的关键技术，提高技术水平和国产化率。

2)海洋环境应急处理技术

重点建立海洋风险管理的综合信息服务平台，提高海上溢油、危险品的回收、处理技术和设备水平。海洋生态环境灾害的应急处置能力主要包括灾害应急物质的储备、海洋污染的清除与处置、海上救援及突发环境事故的快速反应等诸多方面。关键技术包括如下几种。

(1)重点风险源、重点船舶运输路线等监控技术体系建设。针对海洋溢油及化学品泄漏等突发性海洋生态环境灾害事故，建立重点风险源、重点船舶运输路线等监控技术体系。

(2)海洋溢油回收、绿潮海上处置等工程设备的研发。主要是为了提升海洋环境灾害的现场处置能力，提高海洋溢油的回收和处理效率，提高绿潮等的海上处置能力。

(3)海洋生态环境风险管理信息服务平台建设和完善。其主要包括应急监测数据编报系统、海洋环境监测数据库、风险源数据库、应急监测数据管理系统、应急信息产品制作系统、海洋动力动态数值模拟系统、海洋环境应急信息可视化查询系统等，为海洋环境突发事件提供应急处置的相关信息，从而提高应急指挥的实效性和科学性，最大限度地降低突发事件对海洋生态环境造成的不良影响。

3)海洋生态修复技术

重点是对受损海洋生态系统的修复，更加注重恢复生态系统的结构与功能，而不是刻意恢复到原初的生态系统本身。对受损程度较轻的海洋生态系统，侧重用加强保护、减少人为干扰的手段，借助自然界的自我修复能力进行修复。对受损程度较重的海洋生态系统，如栖息地严重退化，且某些物种已濒临灭绝甚至已经消失的生态系统，则通过适度的人工修复，人工恢复其物理景观、种植或养殖系统内的建群种，促进生态系统的全面恢复。关键技术包括如下几种。

(1)海岸带湿地和海湾生态修复技术研究。提高海岸带生态修复技术，发挥海岸带湿地对污染物的截留、净化功能的同时避免海岸带遭受污染。开展海湾生态修复与建设技术体系，修复鸟类栖息地、河口产卵场等重要自然环境。

(2)滨海区域生态防护体系建设和完善。因地制宜地建立海岸生态隔离带或生态缓冲区，合理营建生态公益林、堤岸防护林，构建海岸带复合植被防护体系，形成以林为主，林、灌、草有机结合的海岸绿色生态屏障，削减和控制氮、磷污染物的入海量，减少台风、风暴潮对堤岸及近岸海域的破坏。

4. 发展路线图

以形成海洋环保产业体系为目标，提高海洋环境保护的技术水平和设备产业化能力，重点包括海洋环境保护监测技术、海洋环境应急处理技术和海洋生态修复技术。通过不断提升装备等的研发和创新能力，逐步实现国产化，最终实现产业化。海洋环保产业发展路线图如图 8-9 所示。

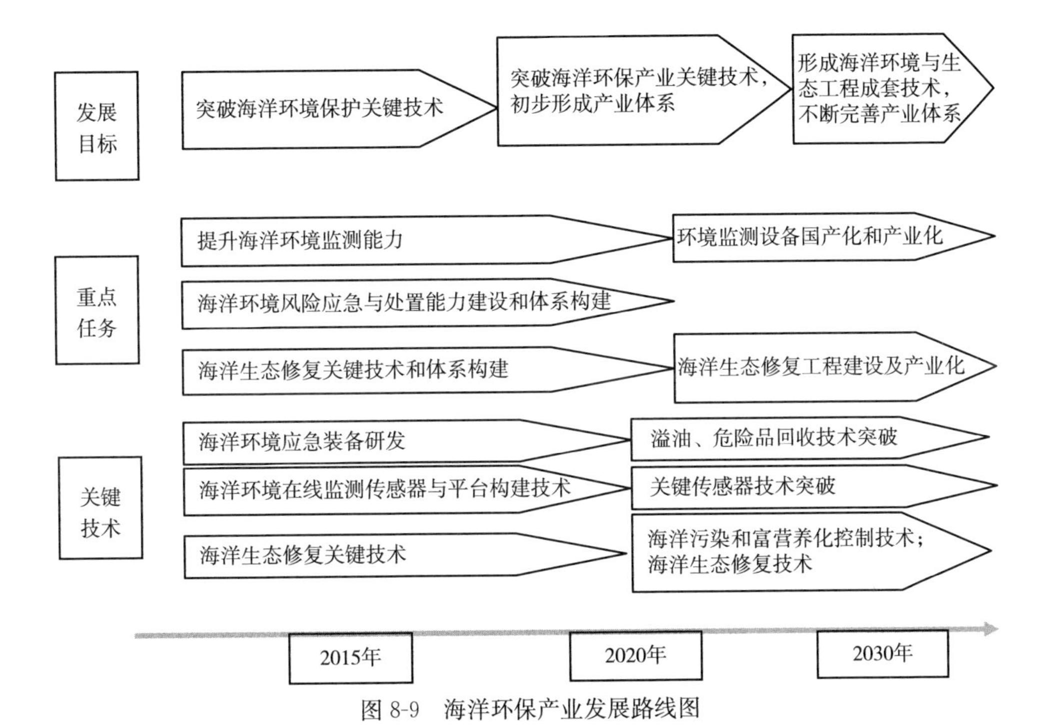

图 8-9　海洋环保产业发展路线图

第九章

中国海洋战略性新兴产业发展的对策建议

一、重视海洋经济发展，整体提升海洋产业的战略地位

进入21世纪，海洋再度成为世界关注的焦点，海洋的国家战略地位空前提高。如何对海洋强国的内涵再认识、再定位，坚持“以海兴国”的民族史观，使中国崛起于21世纪的海洋，是事关中华民族生存与发展、繁荣与进步、强盛与衰弱的重大战略问题。实现由海洋大国向海洋强国的历史跨越，是时代的召唤，也是中华民族走向繁荣昌盛的必由之路。党的十八大指出，要“提高海洋资源开发能力，发展海洋经济，保护海洋生态环境，坚决维护国家海洋权益，建设海洋强国”，这既是新时期海洋工作的指导方针，同时也对海洋事业的发展提出了新的要求。因此，我们必须重视海洋经济发展，整体提升海洋产业的战略地位。

二、优化海洋产业结构，加快海洋开发步伐

海洋战略性新兴产业是基于国家开发海洋资源的战略需求，以海洋高新技术发展为基础，具有高度产业关联和巨大发展潜力，对海洋经济发展起着导向作用的各种开发、利用和保护海洋的生产和服务活动。海洋战略性新兴产业是我国战略性新兴产业的重要组成部分，而不是战略性新兴产业在海洋领域的简单延伸。海洋战略性新兴产业的发展在一定程度上影响着战略性新兴产业发展的成效，在很大程度上关系着全国，特别是东部沿海地区发展方式转变的成败。目前要加大对海洋生物产业、海洋能源产业、海水利用产业、海洋制造与工程产业、海洋物

流产业、海洋旅游业和海洋环保产业等七大产业的培育和发展力度，编制专门的海洋战略性新兴产业发展规划，确定发展目标、重点领域、主攻方向和产业区域布局等，出台针对专门领域产业的国家标准和相关扶持政策。

三、加快海洋科技创新体系建设，提高海洋科技自主创新能力

进一步加强海洋科学技术的研究与开发，培养海洋科学研究、海洋开发与管理、海洋产业发展所需要的各类人才，加快产学研一体化发展，充分发挥科技进步对海洋经济发展的带动作用；设立战略性新兴产业投资基金，组织开展重大科技攻关，以实施重大科技专项为契机，解决制约深海产业发展的前沿性技术、核心技术和关键共性技术难题；建立军民融合的海洋科技和装备开发体系，结合军民两方面的科研资源，突破海洋开发中所需要的重大关键技术和装备；依托创新型大集团，由产业链上的企业、科研机构和相关院校等建立技术创新产业联盟；通过政策引导，拓展海洋战略性新兴产业的投融资渠道，吸引企业资金、金融资本、社会资本和风险投资等加大投入，支持有条件的企业上市融资；建立有利于海洋人才培养的硬环境，培育一大批能适应未来高技术产业发展需要的科技和企业带头人；开展与国际组织、跨国公司的合作设计、合作制造，掌握关键设备的生产技术和科研动态等。

四、以重大工程和重点项目为支撑，培育海洋战略性新兴产业体系

以建设海洋强国为基本目标，国家经济社会发展和维护国家海洋权益的需求为导向，实施海洋水下观测系统与工程、海洋绿色运载装备工程、深水油气勘探开发工程、蓝色海洋食物保障工程、河口环境保护工程、海洋岛礁现代开发工程等海洋工程科技创新重大专项，突破国际海底洋中脊资源环境观测、深海天然气水合物目标勘探与试采、海洋药物与生物制品开发、海洋生态文明建设等一批对于发展海洋经济、保护海洋生态环境和维护我国海洋权益有重要应用价值的关键技术，构建海洋工程科技发展平台，全面提升我国海洋工程科技水平，为“认知海洋、使用海洋、养护海洋、管理海洋”提供强有力的工程科技支撑，为发展海洋经济奠定坚实的科学技术基础。与此同时，加快海岸带、中国海域及大洋资源的开发利用，加快港口经济和区域经济的发展步伐，建立海洋战略性新兴产业的中试基地。由海洋科研机构、企业、政府联合进行中试，降低企业风险；在沿海地区建立一批国家级海洋高新技术产业园区和海洋兴海基地，精心打造产业链

条，更好地发挥龙头带动和区域辐射作用，开拓国内外市场，推动海洋战略性新兴产业健康发展。

五、再造中国海洋生态的良性循环

我国海洋开发中资源浪费、环境污染、生态环境破坏严重，当前十分紧迫的任务是海洋生态环境的整治与保护。我们必须坚持科学发展观，提倡海洋经济发展与环境保护协调，遏制海洋污染，防御海洋灾害，加强海洋生态环境的修复工作，建立良性海洋生态系统，以保障海洋资源被人类永续利用。中华民族要走向世界，实现和平崛起，必须彻底改变重陆轻海的传统意识，牢固树立新的海洋价值观、海洋国土观、海洋经济观。为此，我们要向全民普及海洋知识，宣传海洋文化，培养海洋意识，在宏观层面制定国家总体海洋发展战略，明确国家海洋产业、海洋区域发展的目标和任务，形成有资金、政策、法律、管理支撑的海洋开发战略体系。

参考文献

高从堦．2005. 海水利用技术及其产业化浅谈[A]. 中国海洋学会 2005 年学术年会论文汇编[C]：128-133.

国家海洋信息中心．2003. 澳大利亚海洋产业发展战略[EB/OL]. http://sdinfo.coi.gov.cn/analysis/management/australian.pdf.

国家海洋局．2014-03-15. 2013 年中国海洋经济统计公报[EB/OL]. http://www.coi.gov.cn/gongbao/jingji/201403/t20140312_30593.html.

国家海洋局海洋发展战略研究所课题组．2011. 中国海洋发展报告(2011)[M]. 北京：海洋出版社．

国家海洋局海洋发展战略研究所课题组．2012. 中国海洋发展报告(2012)[M]. 北京：海洋出版社．

海洋经济可持续发展战略研究课题组．2012. 我国海洋经济可持续发展战略蓝皮书[M]. 北京：海洋出版社．

扈丹平．2010. 我国海洋新兴产业国际竞争力研究[D]. 哈尔滨工程大学硕士学位论文．

籍国东，姜兆春，赵丽辉，等．1999. 海水利用及其影响因素分析[J]. 地理研究，18(2)：191-198.

姜秉国，韩立民．2011. 海洋战略性新兴产业的概念内涵与发展趋势分析[J]. 太平洋学报，(5)：71-77.

蒋星，肖宏．2008. 从文献计量看海洋药物研发趋势的变化[J]. 生命科学，20(5)：754-758.

李慧．2012-07-09.《BP 世界能源统计年鉴》发布：2011 全球能源消费增速放缓[EB/OL]. http://www.qstheory.cn/st/zx/201207/t20120709_168896.htm.

刘佳，李双建．2011. 世界主要沿海国家海洋规划发展对我国的启示[J]. 海洋开发与管理，(3)：1-5.

刘堃，韩立民．2011. 海洋产业的指标体系及其前景[J]. 重庆社会科学，(10)：18-23.

牛京考．2002. 大洋多金属结核开发研究述评[J]. 中国锰业，(2)：20-26.

孙加韬．2011. 中国海洋战略性新兴产业发展对策探讨[J]. 商业时代，(33)：115-116.

孙志辉．2010-01-04. 撑起海洋战略新产业[N]. 人民日报，第 20 版．

王普善．2006. 天然产物在新药发现中的地位与机会(二)[J]. 精细与专用化学品，3(14)：1-5.

尹娜．2009. 海水利用进入大发展阶段　专访国家海洋局科技司副司长雷波[J]. 中国投资，(1)：80-82.

于保华．2012-05-24. 国外海洋经济可持续发展现状及我国的对策[EB/OL]. http://www.doc88.com/p-087655163120.html.

郑贵斌．2002. 海洋新兴产业发展趋势、制约因素与对策选择[J]. 海洋经济研究，23(3)：18-21.

中科院海洋领域战略研究组．2009. 科学技术与中国的未来：中国至 2050 年海洋科技发展路线图[M]. 北京：科学出版社.

仲雯雯，郭佩芳，于宜法. 2001. 中国战略性海洋新兴产业的发展对策探讨[J]. 中国人口·资源与环境，21(9)：163-167.

British Petroleum. 2012-07-09. Statistical review of world energy[EB/OL]. http://www.qstheory.cn/st/zx/201207/t20120709_168896.htm.

Committee on Advancing Desalination Technology, National Research Council. 2008. Desalination: A National Perspective [M]. Washington, D. C.: The National Academies Press.

Takeyama H, Takeda D, Yazawa K, et al. 1997. Expression of the eicosapentaenoic acid synthesis gene cluster from Shewanella sp. Microbiology, 143: 2725-2731.

International Desalination Association. 2008. Global water crisis promotes desalination boom[R].

International Desalination Association. 2009. Global water crisis promotes desalination boom[J]. Membrane Technology, (1): 10-11.

International Seabed Authority. 2004. Marine mineral resources: scientific advances and economic perspectives[R].

Lokiec F, Kronenberg G. 2003. South Israel 100 million m^3/y seawater desalination facility: build, operate and transfer (BOT) project[J]. Desalination, 156: 29-37.

National Research Council of the National Academy. 2008. Desalination: A National Perspective[M]. Washington, D. C: The National Academies Press.

Pentland W. 2008. Methane hydrates: energy's most dangerous game[J]. Forbes, October 14.

附　　录

专题报告一　南极磷虾开发产业*

南极磷虾一般是指南极大磷虾（*Euphausia superba*），是一种产自南极海域的小型甲壳类动物（Everson，2000），环南极分布，资源极为丰富，生物量6.5亿～10.0亿吨，是迄今发现的可供人类利用的最大的可再生动物蛋白库；生物学年可捕量可达1亿吨，相当于目前全球海洋捕捞总产量。南极磷虾生长于极区特殊水域，可谓浑身是宝，除食用外，还具有巨大的医药保健和工业利用前景。

我国于2009年年末进入南极磷虾渔业，启动了南极磷虾开发产业，开启了极地海洋生物资源开发利用的新纪元。

一、南极磷虾开发产业发展现状和趋势

（一）南极磷虾开发产业的基本概念与范畴

与传统海洋渔业资源的开发利用模式不同，南极磷虾开发产业是一种集传统捕捞业与精深加工于一体的、技术门槛高、产业链条长、经济效益逐级大幅提升的新兴产业形态。以经济规模（或潜力）为标准，目前南极磷虾开发产业主要包括磷虾渔业、磷虾食品加工业、磷虾粉与养殖饲料加工业、磷虾保健品与医药制造业等。

磷虾渔业虽属海洋渔业的范畴，但与传统捕捞业相比已有明显不同。由于南极路途遥远，产品运输成本高，因此强化海上加工能力以降低运输需求成为磷虾渔业的必然选择。磷虾的海上加工主要包括原虾冷冻、虾粉生产、脱壳取肉、蛋白提取以及虾油提取等。依技术、装备水平的差异，磷虾渔业的产品可包括上述一种至多种产品形态。产品种类多样性越高，技术装备要求越高，但其产业效益也越好。

---

* 本报告执笔人：唐启升、赵宪勇、冷凯良、杨宁生、仝龄。

磷虾食品加工业是指以人类消费为目标的水产食品加工业。南极磷虾产于地球上最为洁净的南极水域，且味道鲜美、浑身是宝，是营养丰富的天然有机食品(孙雷等，2008)。南极磷虾的鲜肉中含蛋白质17.56%，是高蛋白质食物；富含人体必需的八种氨基酸，氨基酸含量占蛋白质的53.0%，其中代表营养学特征的赖氨酸含量高于金枪鱼、斑节对虾和牛肉；南极磷虾的脂肪酸含量高于对虾，不饱和脂肪酸含量高达70.36%，人体必需脂肪酸的亚油酸含量占不饱和脂肪酸的4.02%，比对虾油要高。此外，南极磷虾还含有丰富的钙、磷、钾、钠等矿物质及胡萝卜素等，被誉为人类未来的食品。

然而磷虾特殊的生化特性决定了磷虾食品加工业是一种海陆共存或海陆接力型产业。南极磷虾具有很强的富氟能力(潘建明等，1994)，其甲壳中的氟含量可达4 000毫克/千克，且在动物死后会逐步沥析而出、污染虾肉，只有温度降至−30℃以下时氟的沥出才会中止(Everson，2000)。为规避安全风险，磷虾一般需在脱壳后才能作为食品原料。另外，南极磷虾体内还含有活性很强的消化酶，在动物死亡2～3小时后身体组织即发生明显的分解。因此，磷虾食品需在海上尽快加工，或进行预处理(煮熟或脱壳)后作为原料运至陆地后再行加工。

磷虾粉与养殖饲料加工业是指将磷虾加工成粉以及以磷虾或磷虾粉为添加原料的养殖饲料加工业。磷虾饲料包括水产养殖饲料、畜禽养殖饲料以及宠物饲料等。水产养殖实验结果表明，添加磷虾原料的饲料拥有良好的诱食性，具有促生长和提高养殖动物免疫力的功效；另外，虾青素还是鱼肉的天然着色剂，在鱼类养殖，尤其是鲑鳟类养殖中可发挥无可替代的作用(孔凡华等，2012；常青等，2013)。

与绝大多数海洋生物类似，水分占据了磷虾体重的绝大部分(约75%)，因此，为降低运输成本，磷虾粉一般在海上加工，然后再将其运回陆地进行养殖饲料的加工。

磷虾保健品与医药制造业是新近兴起却发展迅猛的产业。南极磷虾富含虾青素、多不饱和脂肪酸、磷脂、高效低温活性酶等，在医药化工及功能食品方面具有巨大的开发利用前景。磷虾多不饱和脂肪酸中，二十碳五烯酸(Eicosapentaenioc acid，EPA)和二十二碳六烯酸(Docosahexaenoic acid，DHA)所占比例达80%，远高于普通鱼油；磷脂在虾油中的占比达40%，且与高不饱和脂肪酸形成结合体，可以通过血脑屏障和细胞膜，具有很高的保健和医疗功能(楼乔明等，2011)。近年来，各种磷虾油胶囊如雨后春笋般出现在国际保健品或新食品原料市场，包括我国的市场。

(二)南极磷虾开发产业发展现状

作为人类潜在的、巨大的蛋白质储库，南极磷虾资源的开发利用始于20世纪60年代初期苏联以及其后日本的勘察试捕，70年代中期即进入大规模商业开发(图 1)。根据 CCAMLR[①](2014)的渔捞统计，南极磷虾产量于 1982 年达到历史最高，为 52.8 万吨，其中 93%由苏联捕获。1991 年之后随着苏联的解体，磷虾产量急剧下降，年产量在 10 万吨左右波动。

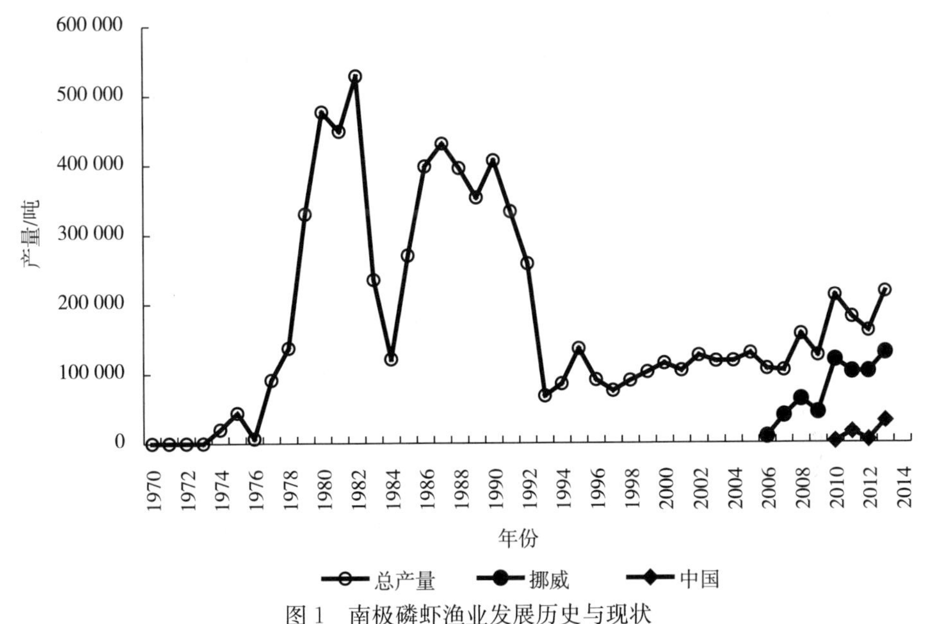

图 1　南极磷虾渔业发展历史与现状

注：CCAMLR 渔季始于当年 12 月 1 日、止于翌年 11 月 30 日；图 1 中的年份以渔季的终止年份表示

资料来源：CCAMLR(2014)

近年各国对南极磷虾的“兴趣”不断增加，尤其是韩国、挪威等新兴磷虾捕捞国的进入，渔业又呈缓慢但持续的上升趋势，2010 年达到 21 万吨，其后两年略有下滑；但 2013 年的产量再次超过 21 万吨，新一轮磷虾开发高潮已然兴起。截至 2013 年，南极磷虾的累计上岸量已达 790 万吨。近年来磷虾捕捞国主要有挪威、韩国、日本、乌克兰、俄罗斯、波兰、智利等国。

我国的南极磷虾捕捞业始于 2009 年年末。2009～2010 年渔季，我国派出 2 艘渔船开展了南极磷虾探捕性开发，捕获磷虾 1 946 吨；2010～2011 年渔季先后派出 5 艘渔船，捕获磷虾 16 020 吨；2012～2013 年渔季派出 3 艘渔船，捕获磷虾 31 944 吨。2013～2014 年渔季有 4 艘渔船进入磷虾渔业，入渔的公司则由 2 家增加到 3 家。我国的磷虾渔业正在朝规模化方向发展。

---

① CCAMLR(Commission for the Conservation of Antarctic Marine Living Resources)即南极海洋生物资源养护委员会，它是一个集政治、经济与法律于一体的政府间国际组织，负责南极海洋生物资源的养护与渔业管理；成立于 1982 年，目前有 25 个成员，中国于 2007 年加入，成为其第 25 个成员，从而享有南极海洋生物资源开发利用权利。

由于我国的磷虾渔业刚刚起步，捕捞业规模尚小，尤其运回国内的原材料很少，磷虾食品加工业以及磷虾粉与养殖饲料加工业目前尚未形成，但产品研发工作已逐渐铺开，且已取得一定的积累和阶段性成果。

相比磷虾食品与养殖饲料加工业，由于超高的附加值和广阔的市场预期，我国的磷虾保健品产业却先行一步，率先起航。目前已有至少三家生物技术公司投入产品研发与试产，并有少量产品投入市场。

（三）南极磷虾开发产业发展基本趋势

20世纪90年代至21世纪初期，南极磷虾主要用于水产养殖与水族饲料、游钓饵料和人类食品三大方面，所占比例约为43%、45%和12%。

2006年以来，随着挪威采用水下连续泵吸捕捞专利技术进入南极磷虾渔业，以及以虾油为重点的高附加值营养保健品的研发成功并投放市场，国际上南极磷虾开发产业已形成一种由高效捕捞技术支撑、人类食品与养殖饲料等大宗利用产品托底、高附加值营养保健品市场拉动的、产业链条已具雏形的新兴产业。

我国的磷虾产业在渔业探捕及海洋强国战略的鼓舞下，已引起产学研各界越来越多的关注（苏学峰和冯迪娜，2012）和切实的发展。磷虾捕捞业在产业规模上已由2009年的2家渔业公司、2艘渔船，发展至2013～2014年渔季的3家公司、4艘渔船；磷虾捕捞量则由2009年的不足2 000吨，发展至2013年的近3.2万吨。作业渔场范围已由2009年的2个CCAMLR统计亚区（如图2中48.1和48.2）拓展至2013年3个亚区（增加48.3亚区）；捕捞产能已由单船日产100吨提高至200吨；海上加工能力也由原虾冷冻单一品种增至原虾、虾粉、去壳虾肉等多个品种。捕捞业正在朝规模化、海上加工产品正在朝多元化发展。

我国的磷虾食品和虾粉及养殖饲料产业尽管仍处于孕育阶段，但由于这些产业相对投入少且已具有一定的技术研发积累，一旦原材料得到稳定的供给保障，可以预见，产业的快速形成已成必然。由于这类产业需要大量原料支撑，其发展速度与规模则将在很大程度上取决于我国磷虾渔业的发展速度与规模。

至于磷虾油等保健品产业，由于良好的市场预期，国内已有多家企业纷纷成立研发中心或购地建厂；国外业内公司则纷纷与国内公司签订战略合作协议，甚至联合投资建厂，争抢市场先机。由于磷虾保健品利润高，一旦自主产品与核心技术取得进一步突破，其产业的发展具有比前述其他三种磷虾产业形态（渔业、食品加工业和虾粉与饮料加工业）更强的优势。

二、南极磷虾开发产业重点技术现状与发展方向

（一）捕捞技术

捕捞技术是南极磷虾开发产业源头的关键技术。由于个体小、分布水层浅，

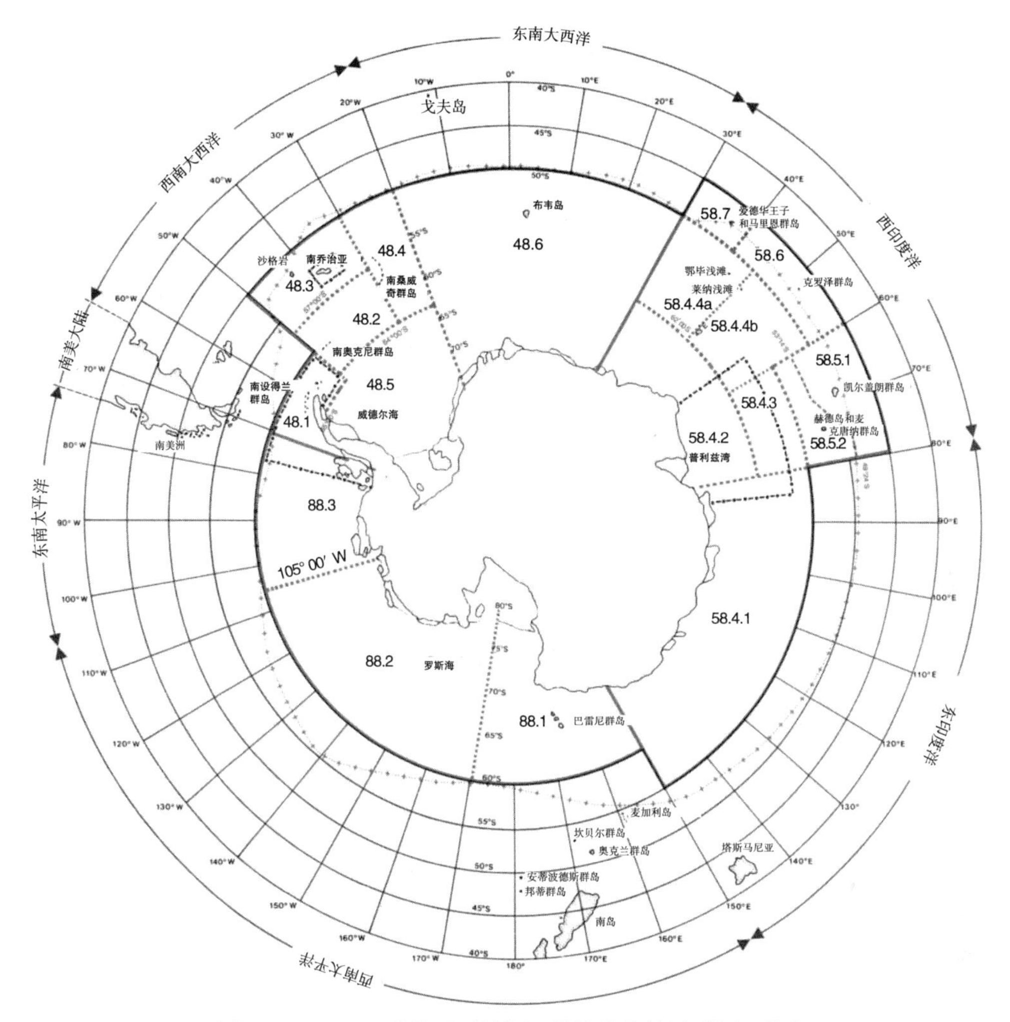

图 2　CCAMLR 公约区(粗线内)及渔业统计区(数字)分布

南极磷虾的捕捞技术注定有别于其他传统渔业的捕捞技术。我国的磷虾渔船主要由东南太平洋智利竹荚鱼拖网加工船略加改造而成，经过四年探捕经验的积累，捕捞能力已取得一定的进步。但总体而言，拖网网具及网板等渔具装备与捕捞对象的适应性仍不够理想，捕捞效率仅为挪威渔船的三分之一到二分之一，差距明显。

目前国际上最为先进的磷虾捕捞技术是挪威 Aker BioMarine 公司的水下连续泵吸捕捞技术。该技术利用吸泵和安装于囊网的柔性管在水下将拖网捕获的鲜活磷虾源源不断地输送至船上，从而避免了起放网的烦琐传统作业程序，既大大降低了船员的劳动强度、节省了时间、提高了捕捞效率(日产可达 500 吨)，又保证了磷虾的完整性和新鲜度。水下连续泵吸捕捞已成为磷虾捕捞技术新的发展方向。

（二）脱壳技术

脱壳技术是南极磷虾食品加工的关键技术。作为人类食用产品的重要形态之一，脱壳磷虾因为基本保持了磷虾肉的原始形态且味道鲜美而深受消费者欢迎。然而由于南极磷虾个体小且易碎，如何在去壳后保持虾肉的完整性则成了脱壳技术的关键；另外，如何降低脱壳虾肉中磷虾眼[①]的残存率则是去壳技术体系中另一技术关键。

目前我国尚无成熟的磷虾脱壳技术装备自主产品，但辽宁省大连海洋渔业集团公司已通过购置日本磷虾渔船将磷虾脱壳设备与技术引入我国，为磷虾脱壳技术在我国的发展提供了重要经验积累。

（三）南极磷虾粉加工技术

南极磷虾粉是以南极磷虾为原料，经脱水干燥制成的具有独特营养功能和品质属性的优质动物蛋白源，主要用于水产养殖动物和观赏鱼类及宠物饲料。南极磷虾粉的加工主要在海上进行。陆基磷虾粉的加工则主要是鲜冻磷虾提取虾油后的副产品。

南极磷虾粉生产的关键是干燥技术，根据产品用途的不同，其采用的干燥模式包括冷冻干燥、热风干燥、蒸汽烘干、低温真空干燥等技术。冷冻干燥的品质保持最好，低温真空干燥的次之，热风干燥或蒸汽烘干的方式对品质影响较大。冷冻干燥获得的虾粉生产成本高，主要用于特殊饵料或者作为提取高品质磷虾油的原料；热风干燥或蒸汽烘干的磷虾粉主要用于水产饲料原料。在饲料用南极磷虾粉生产过程中，可以采用蒸煮、压榨或离心分离的方法脱去大部分水分，再经烘干、粉碎等工序获得磷虾粉。南极磷虾粉加工生产技术的发展趋势是低温真空干燥技术。

目前生产南极磷虾粉的国家主要有挪威、韩国、中国等（日本已将其老旧南极磷虾捕捞加工船转卖到韩国和中国）。其中，挪威公司的生产技术最先进，磷虾原料的出粉率最高，单船产能也最大；韩国和日本一直在研究南极磷虾粉的加工方法，其生产运作模式更为经济有效，虽然技术可能不是最先进的，但不需要大量的投资。

我国参与南极磷虾粉海上加工生产的企业主要有辽宁省大连海洋渔业集团公司和上海开创远洋渔业有限公司。除引进的日本磷虾捕捞加工船外，我国自主安装的虾粉加工生产线主要是利用原有鱼粉加工线，出粉率低、经济效益差，生产

---

① 残存的磷虾眼会在虾肉中形成小黑点，影响去壳虾肉的美观与价格。

1吨虾粉需鲜虾10～14吨，而日本和挪威的技术则仅需7～8吨。另外，磷虾粉生产中的废水排放问题也应引起重视。

(四)南极磷虾油提取与精炼技术

国际上南极磷虾油生产技术处于领先水平的国家将其生产技术通过知识产权的形式保护起来，给其他国家开发南极磷虾油产品设置了障碍。加拿大海王星公司采用超低温专利萃取技术从南极磷虾中萃取并生产南极磷虾油，是磷虾油产品投放市场较早的公司。挪威的Aker BioMarine公司开展了船上磷虾油的提取和陆基磷虾油精炼，产品已经在国际市场上取得较好的销售业绩，仅其磷虾油软胶囊产品的年度收益即由2011年的2.02亿挪威克朗上升至2012年的3.19亿挪威克朗，年增幅达58%。目前，挪威、加拿大、美国等国家都开发了南极磷虾油产品，其产品已在我国市场销售。我国山东科芮尔生物制品有限公司、北京金晔生物工程有限公司等企业也已开发出南极磷虾油产品，辽宁省大连海洋渔业集团公司等企业也处于产品上市过程中。

南极磷虾油与鱼油在组成上有较大差别，其磷脂含量高，水溶性较强，热稳定性差；传统鱼油加工方法的高温蒸煮、压榨和离心分离过程不适用于南极磷虾油的加工。南极磷虾油的加工一般采用溶剂萃取法，但溶剂残留及溶剂使用安全问题应引起重视。

南极磷虾油是非常有市场前景的高值产品，国际市场的开发经验已证明南极磷虾油产品是促进南极磷虾开发产业成功实现商业化运行的主要产品之一。我国亟须开发出具有自身特色的南极磷虾油绿色加工和制备技术，注重超临界萃取分离等先进技术的应用，开发南极磷虾油无溶剂提取技术，生产富含磷脂型EPA/DHA和虾青素的高品质南极磷虾油制品。

三、南极磷虾开发产业战略布局与发展重点

(一)南极磷虾开发产业战略布局

南极磷虾开发产业是面向蛋白质资源开发利用的基本需求、且具有广阔高附加值保健医药生物制品市场前景的战略性新兴产业。鉴于国际上以精深加工产品开发与高新技术运用为显著特点的新型产业已然形成、而国内相关产业刚刚起步这一现状，我国南极磷虾开发产业的发展应以国家需求和产业的快速壮大为导向，从政策引导与支持、技术研发与产业培育、资源可持续利用与产业可持续发展研究等各个层面予以积极推动。总体发展思路为：以海洋强国建设战略为指导，以提升深远海资源开发利用能力为目标，重点解决制约我国磷虾开发产业商业性发展的关键技术、提高产业核心竞争力；培育一批覆盖产业链各主要环节的、技术层次高的知名龙头企业，发挥市场的规模化效应；建设若干针对产业各

主要环节的技术研发和产业发展研究平台，保障产业的可持续发展。

(二)南极磷虾开发产业发展重点

1. 提升南极磷虾捕捞技术与装备研发能力和制造水平

南极磷虾捕捞技术与装备是指一切与捕捞生产、海上加工以及海上研发有关的技术与装备，是提升我国南极磷虾渔业国际竞争力的关键。相关技术装备包括专业磷虾捕捞加工船，磷虾资源评估与产品研发和技术测试综合调查船，环境友好型高效捕捞技术与装备，磷虾去壳采肉及虾酱、虾糜等磷虾食品加工技术与装备，磷虾粉环保节能高效加工技术与装备，磷虾油与磷虾蛋白及磷脂等高值产品海上提取与加工技术装备，各类海上磷虾制品的保质高效运输与储藏技术等。

2. 积极培育南极磷虾食品加工业

南极磷虾产自洁净的南极海域，营养价值高且资源储量巨大，因此发展南极磷虾食品加工业既是丰富我国小康社会百姓餐桌和保障粮食安全的重要选项之一，亦是推动磷虾开发产业全面发展的重要一环。南极磷虾食品加工业在俄罗斯、日本以及乌克兰的发展已有三四十年的历史。我国应通过政策引导，积极培育磷虾食品加工业。

3. 大力推动南极磷虾养殖饲料的研发与产业化

与食品工业一样，养殖饲料加工业是保障南极磷虾渔业的产品市场、促进南极磷虾资源大宗利用最有效的途径之一。南极磷虾作为高价值水产养殖饲料的原料优势主要体现在其具有优良的蛋白质、多不饱和脂肪酸、虾青素等，具有优异的诱食、促生长和提高养殖动物免疫力的作用，在水产饲料中的应用越来越广泛，并具有无可比拟的优势。在我国大力发展水产养殖而水产饲料蛋白源严重短缺的形势下，大力推动以南极磷虾为原料的养殖饲料业的发展已成为助力我国水产养殖业发展的有效手段之一。南极磷虾在日本养殖饲料中的应用已有很长的历史，近年来，挪威厚积薄发，已打造出以磷虾粉为配料的水产养殖及宠物饲料系列品牌产品。我国应奋起直追，并针对不同养殖品种以及同一养殖品种不同生长期开展养殖饲料配方的研发并尽快使之产业化。

4. 进一步推动南极磷虾保健与医药制品的研发与产业化

南极磷虾油以及磷脂、蛋白浓缩制品等高附加值制品下游产业是南极磷虾开发的经济驱动点和产业发展引擎。目前我国已有多家生物技术公司和远洋渔业企业从事南极磷虾油的营销代理或产品研发，但总体而言尚处于起步阶段；而挪威、加拿大的业界知名公司的产品已在国际市场纷纷上市，并大有提前布局占领我国市场之势。我国仍需进一步推动磷虾高值产品的研发，并积极推动其产业化发展。

5. 尽快建立南极磷虾产品质量标准体系

南极磷虾开发利用作为一个新兴的产业，在我国刚刚起步，相关产品质量标准研究滞后。目前国内已有生产、销售南极磷虾产品的企业，但其质量监测都是根据各自企业标准进行，评价标准不一致，不利于市场监管。因此，为规范生产与市场监管，推动产业快速、有序发展，我国应超前部署，尽快建立南极磷虾产品质量标准评价体系。

四、南极磷虾开发产业发展重点案例

(一)南极磷虾捕捞产业发展重点案例

事实上，在我国正式进入南极磷虾渔业之前，国内已有公司将鲜冻磷虾(俗称虾砖)和磷虾粉引进我国游钓饵料和水族饲料市场，如青岛福卡海洋生物科技有限公司。

2009年以来，我国南极磷虾开发产业从无到有，已逐步涉足南极磷虾捕捞、磷虾粉加工、水产养殖、磷虾油提取等多个层面，产业体系已在孕育之中，其中部分产业环节已取得可喜的突破。例如，在磷虾渔业方面，辽宁省大连海洋渔业集团公司和上海开创远洋渔业有限公司已连续四年赴南极作业，累计捕获磷虾近6万吨，并在磷虾粉加工方面积累了一定的经验。尤其是辽宁省大连海洋渔业集团公司于2012年下半年引进了日本一艘磷虾捕捞加工船，其2013年单船年产即达2.5万吨；其还利用日本技术在磷虾粉出成率以及磷虾脱壳加工方面取得突破。

(二)南极磷虾产品研发与加工产业发展重点案例

近年来涌现出数家从事南极磷虾产品研发与加工的生物技术企业，如山东科芮尔生物制品有限公司、北京金晔生物工程有限公司以及青岛银龄美海洋生物科技有限公司等，这些企业以敏锐的战略眼光投资于磷虾产品的研发与市场开拓，以期在南极磷虾开发产业中占据先导地位。下面介绍两个案例。

1. 北京金晔生物工程有限公司

北京金晔生物工程有限公司始建于1991年，是一家集科研开发、生产经营于一体的高新技术企业。该公司于2010年开始从事南极磷虾资源加工利用的探索与开发，建立了南极磷虾油生产基地，已开发生产出南极磷虾油、南极磷虾粉、南极磷虾蛋白肽等产品。

2. 山东科芮尔生物制品有限公司

山东科芮尔生物制品有限公司成立于2007年，是一家集科研开发、生产经营于一体的综合性海洋生物制品企业。该公司致力于南极磷虾的综合利用及相关衍生产品的技术开发和应用研究，产品已有南极磷虾油、南极磷虾粉、生物活性蛋白肽等。其与国内多家院校或科研单位签订了合作协议，共同成立了“南极磷虾技术研发中心”。该公司申报的“南极磷虾综合利用与开发产业化”项目，列入山东省政府第二批50个省级战略性新兴产业项目。

五、促进南极磷虾开发产业发展的政策建议

(一)南极磷虾开发产业存在的问题与制约因素

我国南极磷虾产业存在的问题主要表现为海上捕捞与加工技术装备落后、渔情研究与产品研发滞后、产业自主核心竞争力亟待提高。我国的磷虾捕捞船主要是略经适航改造的远洋鱼类捕捞船，捕捞及加工技术装备与磷虾这一新的渔业对象不匹配；渔场、渔情研究几为空白，资源掌控能力弱，捕捞效能仅为日本原专业磷虾捕捞加工船的二分之一、挪威新型磷虾捕捞加工船的四分之一左右。船上加工仍处初级阶段，技术装备与生产工艺落后、产品种类少且处于价值链的低端，产业缺少高值产品支撑。目前虽已引进了日本的专业磷虾捕捞船，但船已老旧。产业自主核心竞争力亟待提高。

(二)政策建议

一是尽快制定产业培育与发展规划。从国家需求和经济社会效益两个方面统筹规划磷虾捕捞业、食品加工与养殖饲料等磷虾资源大宗利用产业以及磷虾油等高值新兴产业的发展规模和发展速度，指导我国南极磷虾开发产业的有序、协调发展。

二是尽快制定产业发展扶持政策。加强研发力量投入，加快技术装备改造升级步伐，提高产业自主核心竞争力；制定优惠扶持政策，引导、鼓励有实力的民营企业和民间资本进入南极磷虾开发产业，促进产业链的延伸与快速发展；尽快立项进行南极磷虾油的国家或行业标准制定工作，积极支持将南极磷虾蛋白质及虾油产品列入国家新食品原料目录，从政策上支持我国南极磷虾加工产业的发展。

参考文献

常青，秦帮勇，孔繁华，等.2013. 南极磷虾在水产饲料中的应用[J]. 动物营养学报，25(2)：256-262.

楼乔明，王玉明，刘小芳，等.2011. 南极磷虾脂肪酸组成及多不饱和脂肪酸质谱特征分析[J]. 中国水产科学，18(4)：929-935.

孔凡华，梁萌青，吴立新，等.2012. 南极磷虾粉对大菱鲆生长、非特异性免疫及氟残留的影响[J]. 渔业科学进展，33(1)：54-60.

潘建明，张海生，刘小涯.1994. 南极磷虾富氟异常的原因及机理[J]. 海洋学报，16(4)：120-125.

孙雷，周德庆，盛晓风.2008. 南极磷虾营养评价与安全性研究[J]. 海洋水产研究，29(2)：

57-64.
苏学锋，冯迪娜. 2012. 南极磷虾产业开发特点及发展趋势[J]. 食品研究与开发，33(12)：214-217.
CCAMLR. 2014. Statistical Bulletin 26[R]. Hobart：CCAMLR Secretariat.
Everson I. 2000. Krill：Biology，Ecology，and Fisheries[M]. Oxford：Blackwell Science.

专题报告二　深远海规模化养殖产业培育与发展*

深远海规模化养殖是指利用远离近岸，在 30 米水深以上海域进行规模化、集约化饲养和繁殖海产经济动物的生产方式，是人类定向利用海洋生物资源、发展海洋水产业的重要新途径之一。

一、产业发展需求分析

(一)拓展海水养殖空间，实现牧海耕渔的产业发展需求

1. 发展蓝色农业，满足社会水产品消费需求

随着我国社会经济的发展，食物需求总量将显著增长，食物消费结构将发生根本变化，水产品需求总量将显著上升。我国有限的内陆水土资源将难以担负水产品生产总量增加的负荷，开发蓝色国土资源成为必然。受生态环境恶化与过度捕捞的影响，我国海洋水产生物资源总体上处于衰竭状态，开发蓝色国土资源、保障水产品供给必须以发展蓝色农业为核心，即养殖与放牧型海洋渔业。5 000 年前的先民在陆地实现了“狩猎文明”向“农耕文明”的转变，5 000 年后的当代，面向海洋的生产方式也正在向蓝色农业的水产农牧化转变。我国的蓝色农业还处在初级发展阶段，约 300 万平方千米的管辖海域大多还处在未开发状态，发展蓝色农业的潜力巨大(张福绥，2000；徐皓和江涛，2012)。

2. 发展深远海集约化养殖，促进远海海域资源开发

2012 年我国海洋水产品生产总量为 3 033 万吨，占总量的 51%，海水养殖产品 1 644 万吨，占水产品总量的 28%(农业部渔业局，2013)。目前，海水养殖的生产方式以沿岸陆基养殖、滩涂养殖和内湾小网箱养殖为主，面向远海的离岸深水养殖尚处在研究起步阶段。海水养殖业深受沿岸水域环境影响，养殖条件恶劣，品质安全问题愈显突出，养殖系统的排放问题也为社会所诟病。发展农牧化

---

* 本报告执笔人：刘晃、徐皓。

蓝色农业，必须远离沿岸水域，远离大陆架水域污染带，进入深水、远海。发展远离陆地及市场的远海海域蓝色农业，对应多变的海洋条件，需要构建规模化的产业链及安全可靠的生产设施，以工业化的生产经营方式发展集约化养殖，包括深水大型网箱设施、大型固定式养殖平台和大型移动式养殖平台等离岸深海养殖工程(张福绥，2000；徐皓和江涛，2012)。

3. 研发深海集约化养殖设施，实现真正的牧海耕渔

我国地处太平洋西部，海域分布与大陆架延伸广阔，沿海海域广受台风的影响，海洋工况较为恶劣，大风、大浪和强水流考验着养殖设施的安全性。深水网箱养殖在我国有十多年的发展历程，主要借鉴挪威高密度聚乙烯圆管框架和日本浮绳式加重力悬挂网衣的模式，对开放性海域的设施构建有一定的研究基础。发展深海养殖工程，虽然我国网箱养殖设施具有较好的发展基础，但仍需要改变现有的网箱设施构建方式，开发安全可靠的大型结构设施或养殖平台，完善设施系统与供给、流通条件，以全面适应海洋工况规模化养殖生产的需要，使得海水集约化养殖能走出内湾、浅海，走向无限广阔的深海(徐皓和江涛，2012)。

(二)维护国家海洋权益，实现屯渔戍边的国家战略需求

1. 南海局势日益紧张，急需开发蓝色国土

南海周边国家不断挑战我国在南海的主权和主张，纷纷加强对主张海域的武力管控，加快对我国渔业资源的掠夺和对我国渔民权益的侵犯，并企图使其侵占合法化，南海冲突日益激烈。据不完全统计，1989～2012年，我国周边的越南、马来西亚、印度尼西亚、菲律宾等国向我国在南海海域作业的渔民发起攻击和抓扣事件达410宗，涉及渔船891艘、渔民13 122人，其中被抓扣事件126宗、渔船78艘、渔民1 766人，2006年以来，就有14位渔民被打伤(海洋渔业发展战略研究调研组，2012)。在2012年4月，菲律宾海军直接闯入中国黄岩岛海域，对避风停靠在黄岩岛的12艘中国渔船进行袭扰，南海渔业资源正被周边国家掠夺。2010年越南有超过10 000艘渔船捕捞金枪鱼，其中在西沙、南沙附近海域主捕大型金枪鱼的延绳钓渔船就有2 444艘。菲律宾在有关国家技术和资金的援助下，海洋渔业发展迅速，其海洋捕捞产量已位列世界前十位，其主要渔获品种为虾类和金枪鱼。马来西亚近十几年的渔业发展较快，其增长的主要来源是不断加大对南海渔业资源的开发力度。印度尼西亚在南海的渔业开发在其海洋渔业中所占的比例相对较低，主要捕捞对虾及西南大陆架的中上层鱼类(海洋渔业发展战略研究调研组，2012)。

2. 发展深海大型养殖设施，有利于屯渔戍边守护海疆

渔业开发是我国对南海诸岛拥有主权、对周边海域拥有历史性权利的主要依据，“突出渔业存在”也是当前我们维护权益的重要手段。南海位于祖国最南端，海域辽阔，环境复杂，我国与南海周边众多国家的海洋领土斗争、海上权益斗

争、海洋生物资源与渔业权益的斗争十分尖锐。党中央和国务院历来高度重视南海严峻的态势，先后做出“主权属我，搁置争议，共同开发”，“开发南沙，渔业先行”，“突出存在”的战略决策（南海渔业发展战略研究调研组，2012）。在国家的重视和扶持下，南海渔业得到稳步发展，但仍然存在生产渔船过分依赖部分靠近邻国的岛礁和大陆架海域渔场，生产渔船受外事影响大、生产成本高，效益波动大、保护救援难等问题。因此，迫切需要调查发现新的渔业资源，继续稳步推进南沙渔业生产和引导渔船转变生产方式。南海的渔业生产已不仅仅是渔业资源的问题，而是关系国家海洋主权的重大问题。政治意义大于经济效益，关系中华民族的核心利益。深海大型养殖设施的构建，如同远离大陆的定居型海岛。在我国与周边国家海域纠纷突出、海域领域被侵蚀的状况下，发展深海大型养殖设施就是“屯渔戍边”，守望领海，实现海洋水域资源的合理利用与有效开发。

二、国外发展现状与经验启示

（一）国外发展现状与趋势

世界网箱养殖已有30多年的发展，以挪威、美国、日本为代表的大型深水网箱取得了极大的成功，引领着海洋养殖设施发展潮流。深水网箱主要向大型化发展，如挪威重力式网箱采用高密度聚乙烯（high density polyethylene，HDPE）材料制造主架，外形最大尺寸周长达120米，网深40米，每箱可产鱼200吨；美国碟形网箱采用钢结构柔性混合制造主架，周长约80米，容积约300立方米；日本浮绳式网箱由绳索、浮桶、网囊等组成，全柔性、随波浪波动、网箱体积大（徐皓等，2010）；以色列PE圆形重力式网箱，周长40米和50米，单网箱养殖水体1 000～2 000立方米，采用柔性框架结构、单点锚泊和可升降技术（关长涛和来琦芳，2006）。除此之外，还有适用于近岸海湾的浮柱锚拉式网箱和适用于远海的强力浮式网箱、钢架结构浮式海洋养殖“池塘”，以及张力框架网箱和方形组合网箱等。

1. 国外技术发展现状

近年来，国外网箱装备工程技术进展主要表现在：①采用先进的研究方法，注重环境保护。由于深海网箱受海洋浪、流的影响，其受力及运动情况相当复杂，运用系统工程方法，将网箱及其所处环境作为一个系统进行研究。其中加强了网箱的水动力学研究，通过分析网箱系缆的最大张力以及养殖系统最小的容积减少系数，除非有专门的技术可以克服严重的网箱体积变形，在流速超过1米/秒的地方不太适合网箱养殖。此外，远海网箱养殖的理想水深范围为30～50米。②网箱容积日趋大型化，抗风浪能力增强。挪威的HDPE网箱现已发展到最大容积大到2万多立方米，单个网箱产量可达250吨，大大降低了单位体积水域养殖成本。深海网箱抗风浪能力普遍达5～10米，抗水流能力也均超过1米/秒；在抗变形方面，美国的海上工作站(Sea Station)网箱在流速大于1米/秒的水流中，其有效容积率仍可保持在90%以上。③新材料、新技术的广泛应用。在结构上采用了HDPE、轻型高强度铝合金和特制不锈钢等新材料，并采取了各种抗腐蚀、抗老化技术和高效无毒的防污损技术，极大地改善了网箱的整体结构强度，使网箱的使用寿命得以成倍延长。④网箱配套装备技术日趋完善，自动化程度大大提高。开发了各类多功能工作船、各种自动监测仪器、自动喂饲系统及其他系列相关配套设备，形成了完整的配套工业及成熟的深海网箱养殖运作管理模式；多功能工作船上配备有饵料加工和气力输送集中供饵系统；研究利用纯氧增氧技术，在极端炎热期，可以避免鱼的大量死亡。网箱的自动化养殖管理技术得到快速发展，如瑞典的海洋农场(Farm Ocean)网箱，可完全不需人工操作(林德芳等，2002；关长涛和来琦芳，2006；胡爱英和刘晃，2007；徐皓等，2010；徐皓和江涛，2012)。

2. 技术发展前沿

1)新型自推进式水下金枪鱼养殖网箱

其可以在水中实现自由沉浮、移动，不仅能够躲避大风、大浪等恶劣气象水文条件，而且可以随海流缓慢移动，始终保持养殖水域环境的清洁。螺旋桨除用于推动网箱前进外，还可以提高网箱周边的水流速度，加大网箱内外的水交换量(de Bartolome and Mendez，2005)。

2)大型养鱼工船

挪威养殖技术公司设计了70 000吨级养鱼工船，整个“工厂”可以自由移动。船上分为孵化、养殖、饲料、产品加工4个作业区。各鱼舱均由隔舱分开设置独立的海水进排水系统，源水经过紫外杀菌处理后进入系统，鱼舱还配有射流增氧系统；孵化区配有先进的孵化设备，还专门设置了循环水的繁育系统；饲料加工、贮存、投喂均由电脑控制；加工区有清洗、包装、冷冻设备(丁永良，2006)。

3)深远海巨型网箱系统

挪威的海洋球型(Ocean Globe)网箱内部可以根据养殖的需要，用网片分割成2～3个部分，具有可以有效率地捕捞、清理及维修；可根据不同的气候条件在水下进行喂食；适宜恶劣的海洋环境与天气；可防止养殖对象被肉食性生物咬食和养殖对象逃逸；球型设计不会因海流冲击而变形，保持稳定的内容积；网箱与鱼的移动范围很小，便于船只与员工停靠和操作等优点(赵卫忠和黄洪亮，2005)。

(二)主要国家发展模式与政策

1. 主要国家发展经验

挪威深水网箱自动化、产业化程度高，配套设施齐备，有完善的集约化养殖技术和网箱维护与服务体系。养殖技术先进，养殖设备的自动化程度很高，投饵由电脑控制，养殖成活率90%以上，劳动生产率极高。

(1)严格水产养殖过程管理。挪威水产养殖条例规范了与养殖场有关的所有活动，并实行养殖许可证制度。对养殖场规模和许可证发放数量加以限制，使水产养殖业在政府的控制下有序、健康、稳步发展。为了控制市场和价格、保护水域环境、控制养殖规模，挪威渔业法限制每张许可证的养殖水体不能超过12 000立方米，产量也有限额，超额就要另外缴费。1996年起，挪威实施饵料限额制度，每个养殖场每年使用的饵料配额为450吨，超额1吨，要加收7.5万克朗(约计人民币8.09万元)额外费用，每个鲑鱼育苗场年产鱼苗不得超过200万尾。其强调环境保护和鱼病控制，对水产养殖使用抗生素及处理死鱼等做了严格规定，要求养殖者必须保存好网箱存活鱼数量，死鱼、逃逸鱼数量的记录和鱼病种类、病鱼数量、病鱼区域的记录，禁止用兽医办法防治鱼病、禁止销售正在使用抗生素的鱼。渔业管理部门在沿海设立了若干检验鱼类质量和监测鱼体抗生素残留量的实验室，这样就可以减少病害传播，保护了环境。

(2)加强种苗培育和养殖技术研究。挪威政府鼓励研究部门和企业研究疫苗来预防疾病，经过十几年的研究研制成功并被广泛用于生产。挪威理事会的调查数据显示：1986～1996年的10年间，抗生素的用量从48.5吨骤降到1.0吨，而鲑鱼产量由4.6万吨上升到29.2万吨。挪威水产研究所承担大西洋鲑选育育种课题，经过几年的研究，选出了生长速度快、低饲料投喂的大西洋鲑。目前挪威养殖的大西洋鲑的饲料投喂量比以前节省了20%，生长速度是野生大西洋鲑的2倍，被称为"挪威三文鱼"。计算机几乎已经应用到挪威的网箱养鱼的全过程，养殖场的很大一部分工作通过计算机的控制来进行。计算机控制的自动投饵系统，可以准确地定时、定量、定点投饵，自动记录投饵时间、地点及数量；计算机控制的监测系统，自动监测水中溶解氧、氨氮等指标；计算机控制的水下摄像系统，可以观察和监测网箱中养殖鱼从幼苗到成鱼养殖的不同时期的生长情况及摄食状况(丁晓明，2000；丁建乐，2008)。

2. 借鉴与启示

挪威三文鱼养殖业一直处在世界领先水平，其成功经验值得我国水产养殖业进行认真的思考。

(1)挪威水产养殖主管部门制定了严格的管理制度，政府以法令的形式来规范和保障深水网箱的健康发展。由渔业部颁布相关的法规规范水产养殖活动，由农业部颁布相关法规规范水产养殖动物病害检疫与防治，由环保部门制定法规来规范水产养殖污染的行为。

(2)政府投入进行关键技术的研发和技术支持，挪威政府鼓励研究部门和企业研究疫苗来预防疾病，支持开展大西洋鲑选育育种、养殖工程设施、饲料营养以及病害防治等方面进行系统研究。

(3)现代化装备作为技术保障，计算机几乎应用到挪威的网箱养鱼的全过程，养殖场的很大一部分工作通过计算机的控制来进行，如计算机控制的自动投饵系统、监测系统、水下摄像系统等(丁晓明，2000；丁建乐，2008)。

三、我国发展现状与发展前景分析

(一)技术发展态势

网箱养殖是20世纪70年代末，我国南方海区以暂养出口石斑鱼为目的而发展起来的海水鱼类养殖新模式，具有单位面积产量高、养殖周期短、饲料转化率高、养殖对象广、操作管理方便、劳动效率高、集约化程度高和经济效益显著等特点。随着我国国民经济的高速持续发展和人民生活水平的不断提高，20世纪90年代以后浅海网箱养殖发展迅速，1994年全国网箱达到16万只以上，年产量在10万吨左右，养殖的鱼类品种有20余种，养殖技术逐渐成熟(徐皓和江涛，2012)。此后，浅海网箱得到更进一步发展，成为我国海水鱼类养殖的主要方式。至2012年我国浅海普通网箱3 983万平方米，养殖产量39万吨，分布在沿海各省的内湾水域(农业部渔业局，2013)。

我国于1998年引进HDPE深水抗风浪重力式网箱，2000年以后，国产化大型深水抗风浪网箱的研发得到了国家与各级政府部门的大力支持，发展至今，已基本突破了深水抗风浪网箱设备制造及养殖的关键技术(郭根喜，2006)。到2012年，全国深水网箱养殖达438万立方米，养殖产量5.0万吨，养殖海区可到达30米等深线的半开放海域，主要养殖鱼类品种有卵形鲳鲹、大黄鱼、鲈鱼、美国红鱼和军曹鱼等10余种(农业部渔业局，2013)。

我国对网箱设施的研究，尤其在离岸抗风浪网箱设施系统方面取得了多方面的技术突破。国内有多个科研机构及院校先后开展了抗风浪深水网箱研究，取得了一批研究成果。升降式深水网箱养殖系统已形成了一套比较优化的设计方法与制作工艺，提高了网箱的抗风浪能力，可承受水流速度超过1米/秒。在网箱材料选择和性能试验等方面，自主研发的HDPE网箱框架专用管材和聚酰胺(polyamide，PA)网衣，在主要性能指标和总体性能上，都接近或超过挪威网衣水平。开发出包括抗流网囊、网箱踏板、新型水下监视器、太阳能警示灯、锄头锚、充塑浮筒、水下清洗机和远程自动投饵样机等装备。深水网箱设施系统地域台风等自然灾害侵袭能力还很弱，装备性能有待进一步提高(郭根喜，2006；徐皓和江涛，2012)。

(二)发展政策环境

中国共产党的十八大报告《坚定不移沿着中国特色社会主义道路前进 为全面

建成小康社会而奋斗》中提出要“提高海洋资源开发能力，发展海洋经济，保护海洋生态环境，坚决维护国家海洋权益，建设海洋强国”。

《国家中长期科学和技术发展规划纲要(2006—2020年)》中关于农业现代化明确提出了以高新技术带动常规农业技术升级，持续提高农业综合生产能力，开发精准作业技术装备，加快农业信息技术集成应用。同时提出了“重点研究开发……精准作业和管理技术系统”和“重点研究开发适合我国农业特点的……健康养殖设施技术与装备”，“加强海洋生态与环境保护技术研究，发展近海海域生态与环境保护、修复及海上突发事件应急处理技术”等发展战略，“突破近海滩涂、浅海水域养殖和淡水养殖技术”是重点任务之一。

《国务院关于促进海洋渔业持续健康发展的若干意见》中提出，“推进近海养殖网箱标准化改造，大力推广生态健康养殖模式。推广深水抗风浪网箱和工厂化循环水养殖装备，鼓励有条件的渔业企业拓展海洋离岸养殖和集约化养殖”。

《全国渔业发展第十二个五年规划(2011—2015年)》中提出，“积极拓展深水大网箱等海洋离岸养殖”、“加强循环水工厂化、网箱养殖等设施渔业装备建设”。

(三)发展竞争态势

目前，我国的海水养殖主要有池塘养殖、直排式流水养殖、封闭循环水养殖和网箱养殖。传统养殖池塘结构简单、设施简陋，进出水均不作处理，污染环境且易受外界水质影响，以损害环境质量为代价，是不可持续的养殖方式。直排式流水养殖方式大量耗用优质水资源，尤其是地下水资源，造成地下水位下降、地陷等诸多问题，这种对深井海水的一次性利用的生产方式，不符合资源和能源高效利用的社会要求。封闭循环水养殖经过多年的发展，在淡水养殖领域的技术已趋于成熟，但由于海水盐度毒性和硝化细菌渗透压的问题，海水养殖系统的生物过滤技术进展缓慢，导致封闭循环水系统的运行不稳定，养殖效果难以控制。现在网箱养殖的网箱结构、锚定系统、饲料仓储、维护管理等技术的研究尚未开展，特别是抗风浪、抗流性能的研究不够深入(徐皓等，2007；徐皓等，2011)。

我国是世界上唯一一个养殖产量超过捕捞产量的国家，经过60多年的发展，已拥有目前世界上最大的海水养殖业。未来的15～20年，随着我国人口的增加和人们生活水平的提高，对水产品的需求将会越来越大。据预测，人类对水产品的消费量在今后15～20年内将增加50%～60%(张世羊和李谷，2013)，今后水产品产量增加将主要来自海洋捕捞和海水养殖，在海洋捕捞产量增长不大甚至萎缩的情况下，水产品的供应将更加依赖水产养殖业的发展。由于过于拥挤和日益恶化的近海港湾养殖环境，以及近海渔业资源枯竭的严峻形势，我国从20世纪90年代就制定了渔业经济“走出去”的发展战略，将养殖引向深海。传统海水养殖方式无法解决严重的病害问题，在养殖过程中药物和抗生素使用泛滥，生产的水产品由于没有严格执行相关卫生检测标准，常常在出口贸易中由于卫生不达标等问题而损失惨重。近期先后出现的“多宝鱼事件”、“毒鳜鱼事件”等，不仅影响我国消费者对水产养殖品的消费信心，而且也严重影响了水产养殖品的对外贸易。因此，发展水产养殖必须充分利用广阔的远海和公海资源，依靠更加先进、高效的养殖模式，发展深海设施养殖，拓展养殖空间，获取更多资源，得到更多权益。

(四)发展存在问题

产业链尚未形成，产业链不完善，缺少产业链后端的市场营销和加工。深水网箱大量活鱼批量上市，没有后端的产业链支撑，价格波动影响养殖业者收益，制约产业发展。深海网箱装备结构尚不完善，我国深海网箱中 90%以上为挪威重力式 HDPE 网箱和日本浮绳式网箱，均属重力式网箱，依靠配重维持有效养殖体积，而且受配套技术限制，多数没有升降功能，多数仍布置于 15 米以内的浅海域，尚不能称为真正意义的深海养殖网箱。新型专用网箱材料技术仍未突破，我国沿海多数海域浪高流急，应用最广 HDPE 网箱和浮绳式网箱并不适合我国深海海况，新型网箱结构和网箱材料尚待研发。我国钢质网箱用钢材的防腐蚀技术多采用喷铝或喷锌结合环氧漆涂抹技术，防腐性能有限，亟待重点突破网箱专用材料的防腐蚀技术。配套设施与技术研究依然落后，网箱装备的发展在很大程度上依赖于配套设施的研发，没有配套设施的强力支持，网箱装备无法推广应用。受产业基础的限制，现有的网箱制造公司并没有过多涉及配套装备的研发，也未能找到合适的配套企业(郭根喜，2006；徐皓等，2010；徐皓等，2011)。

(五)产业需求与发展趋势

由于我国海洋养殖装备水平不高，海水养殖生产基本处于低技术水平的数量扩张发展。网箱养殖以内湾浅海普通网箱为主，共有 100 多万只，其受沿岸水域环境影响，养殖条件恶化，品质安全问题愈显突出，养殖系统的排放问题也为社会所诟病。而深水网箱只有 5 000 多只，结构多为重力式，依靠配重维持有效养殖体积，多数没有升降功能，装备水平落后，无法抵御较大风浪和较恶劣的海况条件。据统计，我国每年因风暴潮和台风等灾害事故给近海养殖造成的损失均达百亿元以上。发展现代海水养殖业，向海洋索取资源，拓宽生存空间，是保障食物安全和满足人们对优质蛋白食品需求的重要途径，因此，我们急需缩小浅海普通网箱的养殖规模，促进养殖方式向深海网箱养殖转变。初步估算，如果改造 50%的普通网箱，可增加优质鱼类产量达 48.4 万吨，比目前网箱养殖的总产量还多。这对缓解粮食安全保障压力，解决我国食物安全问题具有重要意义。据粗略测算，我国沿岸15米以浅海域约59万平方千米，开发利用度已达72%，大陆沿岸水深15～60米区间海域面积约60万平方千米，由于尚没有适合海洋生存工况的装备或设施，基本处于待开发利用状态。如果将我国海水养殖拓展至大部分的30～60米水深完全开放式海域，新增可选海洋养殖面积约60万平方千米，可新增优质鱼约190万吨。

四、产业培育与发展途径

(一)发展定位与发展目标

1. 发展定位

深远海规模化养殖是发展蓝色农业、保障我国水产品供给的新方法，是人类定向利用海洋生物资源、发展海洋水产养殖的新途径，是开展"屯渔戍边"、实现牧海耕渔的新手段。

2. 发展目标

1)总体目标

建立完善的养殖生产与流通体系；完备的机械化、信息化装备系统以及工业化管理模式；创造良好的养殖生境，逐步进入深海，全面构建符合"安全、高效、生态"要求，开展集约化、规模化海上养殖生产体系。

2)阶段目标

2015年目标，对应区域性养殖条件与主要品种，优化浮式深水网箱设施结构，开发沉式深海网箱，构建网箱-鱼礁生态工程系统模式，初步完成以岛屿为基站的大型深海网箱设施关键技术研究，推进近海网箱养殖向开放性海域深入，在南海海域以石斑鱼、军曹鱼、卵形鲳鲹为主，在东海海域以大黄鱼为主，在黄海海域以鲆鲽类为主，建设3～5个生态工程化网箱高效养殖模式示范区；初步构建海上养鱼工船系统模式，进行集成示范，以南海海域为重点，建设1～2个示范性海上养鱼工船；在养殖环境监测、投喂、起捕、分级、运输以及设施维护等环节，开发一批机械化、信息化配套装备，基本形成深海养殖平台技术体系，在南海或东海、黄海海域，利用原海洋钻井平台或岛礁，建设1～3个示范性深海养殖基站；使得核心技术拥有率达到85%以上，关键设备国产化率达到85%以上，技术水平达到国际先进水平。

2020年目标，开展集约化、规模化海上养殖生产体系建设，通过技术研发与集成创新，提升深水抗风浪网箱设施的整体性能，形成开放性海域深水网箱设施生态工程化构建技术体系；突破深海养殖平台设施结构工程技术，形成深海养殖平台基站构建技术体系；研发专业化游弋式海上养殖平台，建立养鱼工船技术体系；研发机械化、信息化关键装备，形成海上集约化、规模化养殖配套装备技术体系。通过集成示范，不断完善技术体系，构建技术规范，初步形成较为完善的深海养殖设施技术体系与装备配套企业群，不断推进海上设施养殖向深远海发展；使得核心技术拥有率达到100%，关键设备国产化率达到100%，技术水平达到国际先进水平。

2030年目标，在开放性海域，充分利用现有岛礁环境，优化集深水网箱、人工鱼礁、海底藻场为一体的生态海洋牧场；在远海海域利用岛礁或原钻井平台，发展一批大型养殖网箱，建立以区域性特定品种为主的规模化养殖生产的深海养殖基站；研发集成鱼养殖、苗种繁育、饲料加工、捕捞渔船补给及渔获物冷藏冷冻等功能于一体的大型海上养鱼工船。针对我国远海海域区域性特点以及渔业发展要求，加强科技创新与装备研发，建立积极的政策与财政专项，引导大型企业介入海洋渔业，在南方、北方海区“逐水而泊”，利用最佳的水温与水质条件，发展南方温水性鱼类与北方冷水性鱼类养殖，逐步推进，形成工业化海上养殖生产群。

(二)产业培育与发展影响因素分析

1. 养殖设施系统大型化

规模化生产是深水网箱养殖发展的必由之路，大型化则是规模化生产为提高生产效率对设施装备的必然要求。国外先进的网箱养殖生产系统中，网箱设施的大型化已达到相当的规模。随着我国深水网箱产业的发展，产业生产规模的不断扩大，大型的网箱养殖设施及配套系统将成为产业发展的必然选择。

2. 养殖环境生态化

养殖生产对生态环境的负面影响已越来越为社会所关注，普通网箱养殖产业的生产与发展已受到制约，深水网箱的问题会随着产业规模的扩大而显现，增强网箱养殖设施系统对环境生态的调控功能，将成为结合渔业资源修复的系统工程，并对减少近海海域富营养化发挥积极作用。

3. 养殖地域向外海发展

当海洋的自然生产力不能满足人类增长与发展的需要，海洋生产力必然由“狩猎文明”(海洋捕捞)向“农耕文明”(海洋养殖)转移。海洋养殖的主要领域在广阔的外海，网箱养殖是海洋养殖的主要单元，网箱养殖设施系统需要具有向外海发展的能力。

4. 养殖过程低碳化

充分利用20年来的创新技术，采用风能、太阳能、潮流能和波浪能技术高效利用洁净、绿色、可再生能源，摆脱网箱动力源完全依赖采用石油作为燃料的困境，实现网箱的生态、环保养殖。

（三）发展重点

1. 优化现有网箱设施，构建步入深海的生态工程化网箱设施系统

进一步研究与优化现有重力式 HDPE 深水网箱设施的箱体沉降、箱形抗流和锚泊构筑性能，使深水网箱具备走出湾区，走入深海的能力；研发新型沉式深水网箱；结合人工鱼礁、海底人工藻场构建技术，建立区域性海流可控、自净能力增强、牧养结合的生态工程化海洋牧场。

2. 构建深海养殖基站，发展新型抗风浪网箱

开发远海岛屿，利用原海洋钻井平台，建立深海养殖基站，研发具有深海抗风浪及抵御特殊海况性能的新型抗风浪网箱，构建以海洋基站为核心的规模化网箱设施养殖系统。

3. 研发大型养鱼工船，构建游弋式海上渔业平台

以老旧大型船舶为平台，变船舱为养殖水舱，变甲板为辅助车间，成为具有游弋功能，能在适宜水温和水质条件海区开展养殖生产，可躲避恶劣海况与海域污染的大型海上养鱼工厂，并成为远海渔业生产的补给、流通基地。

4. 研发机械化、信息化海上养殖装备与专业化辅助船舶，提高生产效率，保障养殖生产

针对海上规模化安全、高效养殖生产的要求，研发起网、投饵、起捕、分级等机械化作业装备及数字化控制系统，构建生产控制、环境预报、科学管理信息系统，提高生产效率；研发燃油、淡水、食物供给以及活鱼运输专业辅助船，为远海养殖生产提高保障。

（四）技术与产业发展路径

深远海规模化养殖产业发展技术路线图如图 1 所示，按照逐步进入深海，全面构建符合“安全、高效、生态”要求，开展集约化、规模化海上养殖生产体系的总体发展目标，以近海生态工程化网箱设施系统、深海网箱养殖基站、海上养鱼工船为重点，通过科技专项支持，突破关键技术，研发现代化装备，构建系统模式，形成技术体系与规范，为产业发展提供可靠的技术支撑。通过政策引导与资金支持，鼓励企业并组织渔民进入深海，发展海上养殖业；使海上养殖生产系统合理分布，近海资源与环境得到有效保护，渔民实现转产转业，面向海洋的养殖生产实现有效发展，我国海域疆土得到更多海上居民的有效看护，海洋渔业由“捕”转“养”，实现蓝色转变。

（五）产业培育与发展策略

1. 应用现代海洋工程技术，研发大型深海网箱，构建海上养殖基站

针对我国沿海海域海况特点，以现代海洋工程技术为支撑，发展离岸养殖设施，通过研发大型深海网箱，以南海、东海海域为重点，构建依托原钻井平台或

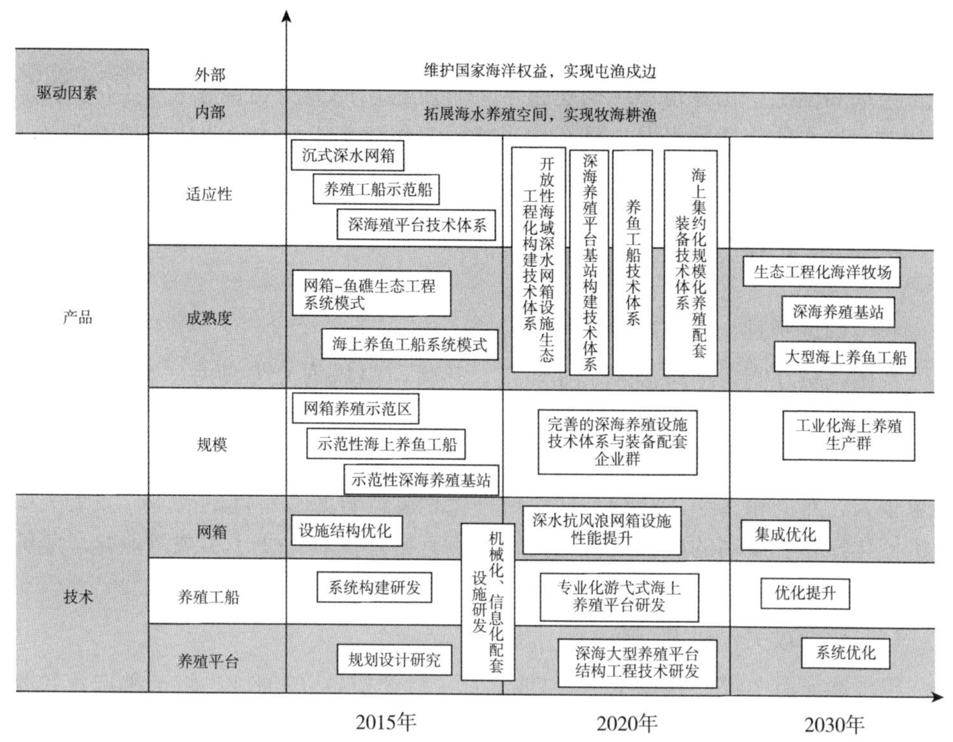

图 1　深远海规模化养殖产业发展路线图

适宜岛屿的海上养殖基站，形成具有开发海域资源、守护海疆功能的渔业生产基地。

2. 优化深水网箱结构，构建生态工程化养殖示范区

围绕开放性海域网箱设施生态工程化模式构建，通过关键技术研究与集成创新，提高设施抗风浪与箱形抗水流性能；构建网箱-鱼礁复合养殖生产与环境修复渔业模式，集成机械化装备与高效健康养殖技术，形成网箱养殖与环境修复核心示范区。

3. 建立深海养殖基站生产模式

针对深海海域海况条件，开发设施结构可靠、便于操作的大型网箱设施，以及高效监控操作装备，利用岛礁或原钻井平台，探索建立深海养殖基站，建立生产模式。

4. 结合现代船舶工程技术，研发大型海上养殖工船，构建游弋式海洋渔业生产与流通平台

以现代船舶工业技术为支撑，应用陆基工厂化养殖技术，研发具有游弋功能，能获取优质、适宜海水，在海上开展集约化生产的养鱼工船，并以南海海域资源开发、海疆守护为重点，在养鱼工船的基础上，形成兼有捕捞渔船渔获中

转、物资补给、海上初加工等功能的游弋式海洋渔业生产平台。

5. 发展系统化养鱼工船

集成陆基工厂化养殖系统构建技术，研发利用船舱进行高密度集约化养殖、能获取优良水质与适宜水温、具有相当抗风浪和游弋能力的专业化养殖渔船及其生产管理机械化装备，建立试验型生产系统，逐步形成系统化生产模式。

五、政策建议

(一)因地制宜，分类指导

我国幅员辽阔，地跨温带、亚热带、热带，海域划分为渤海、黄海、东海、南海，自然条件差异较大，养殖对象差别大，市场需求也不相同，抗风浪深水网箱养殖不可能采用同一模式；我国海水养殖生产单位经济体制多样，经济实力差别也很大，对同箱大小、结构、操作机构化程度等势必有不同的要求。发展大中型机械化操作程度高的抗风浪近海网箱养鱼有很多优点，便于实现产业化、集约化生产。

(二)综合攻关，成龙配套

建议国家有关部门根据上述“因地制宜，分类指导”的原则，将苗种选育和改良、病害防治和健康养殖、产品保鲜贮存加工业、运销业、饲料工业及投饲技术、渔医渔药业、网箱结构材料及配套设施设计、各生产环节和环境质量安全监控整治、金融信贷、信息网络、科技教育、市场准入和经营管理业等涉及深海养殖的相关产业组成一个大型的产业化系统工程，组织全国科技力量分区域地进行综合攻关，促进深海养殖的成龙配套，促其发展成一个大型的新兴产业。

(三)政策引导，走向深海

要充分发挥财政资金的引导作用，以强化海洋渔业生产条件、提升装备保障能力、提高深海养殖生产能力为目标，设立中央与地方相结合的专项资金，以中央财政资金为主，鼓励行业内外的企业整合优势资源，逐步走向深海，发展远海水产养殖，促成我国在远海疆域的海事存在，合理、有效地开发我国丰富的海域领土资源。

(四)保护环境，优化质量

我国近海水域污染日趋严重，合理布局深海网箱养鱼不仅关系到自身养殖产品的质量安全，而且与海域环境保护休戚相关。因此，规划抗风浪深水网箱养殖时必须对设置海域进行环境评估论证，对海域环境现状、污染趋势、海洋动力状况、养殖容量、水域承载能力、发展前景等进行调查研究，做出全面评价。深海属于高科技、高投入、高风险、高产出、高效益的现代化海水养鱼新方式，对环境和养殖种类的质量要求都较高，市场定位也较高，对养殖海区的水质、底泥、苗种、饲料、渔药、产品加工等各个产业化环节的生产全过程要加强质量检验和监督管理。

六、重大科技专项建议

(一)大型海上养鱼工船关键技术研究与装备开发

近海海域水质恶化，自然灾害频发，海水养殖废水的污染严重影响海水养殖业的健康发展，而现有的海水养殖生产方式仍未能解决影响其发展的制约因素。海洋养殖工船以离岸方式进行养殖，在养殖对象产卵场购买幼苗，转至水质、温度最适水域育肥，达到商品规格后，航行到价格最高的港口贩卖。这样的养殖方式不仅可以使养殖工船避开近海水域污染，捕捉最优水质温度养殖条件，提升鱼的品质，而且可以应急躲避台风、赤潮，降低养殖风险，增强养殖的安全性。同时，大型海上养殖平台是具有前瞻性、战略性、创新性的养鱼产业，也是综合国力的体现，是实施“国家海洋战略”的重要技术手段，更是实现“海洋经济强国”宏伟目标的有效途径，将成为我国维护 200 海里以内经济专属区的合法权益，提高在远海区域存在的重要手段。

围绕养鱼工船系统功能构建，重点开展鱼舱自由液面与进排水方式对船体结构影响，以及养殖舱容最大化船体结构研究，形成船体构件设计与检验技术规范；研发下潜式水质探测与大流量、低扬程抽取装置，集成养殖水质净化技术，构建鱼舱水质监控系统；研发活鱼起捕、分级与输送系统化装备，饲料自动化投送系统；集成水产苗种工厂化繁育技术、软颗粒饲料加工技术、船舶电站式电力分配与推进技术，针对北方海域大西洋鲑等冷水性鱼类养殖或南方海域石斑鱼等温水性鱼类养殖，建造具有海上苗种繁育、成鱼养殖、饲料储藏与加工等功能的专业化养鱼工船，并可根据海区捕捞生产需要，建立海上渔获物流通与初加工平台。

(二)开放性海域网箱设施生态工程化关键技术研究与集成

我国地处太平洋西部，海域分布与大陆架延伸广阔，沿海海域广受台风的影响，海洋工况较为恶劣，大风、大浪和强水流考验着养殖设施的安全。深水网箱养殖在我国有十多年的发展历程，主要借鉴挪威 HDPE 圆管框架和日本浮绳式加重力悬挂网衣的模式，对开放性海域的设施构建有一定的研究基础。发展深海养殖工程，网箱养殖设施具有较好的发展基础，但仍需要改变现有的网箱设施构建方式，开发安全可靠的大型结构设施或养殖平台，完善设施系统与供给、流通条件，以全面适应海洋工况规模化养殖生产的需要，使得海水集约化养殖能走出内湾、浅海，走向无限广阔的深海。

围绕开放性海域网箱养殖设施生态工程化构建，以近海海域生态保护与修复为前提，重点开展构建投喂性养殖生物营养排放与鱼礁生物、藻场复合生态模型研究，鱼礁流场构建与网箱抗流结构安全模型研究；优化浮式网箱结构与沉浮性能，研发便于管理、具有上浮功能的新型沉式网箱；研发机械化操作装备与数字化监控系统；集成网箱健康养殖与人工鱼礁构建工程技术，形成近海开放性海域网箱养殖设施生态工程化构建技术体系与生产规范，建立核心示范区。

参考文献

丁建乐. 2008. 挪威水产养殖法中的许可证制度[J]. 渔业现代化，35(5)：63-65.

丁晓明. 2000. 挪威水产养殖管理体制及经验[J]. 中国渔业经济研究，(4)：38-39.

丁永良. 2006. 海上工业化养鱼[J]. 现代渔业信息，21(3)：4-6.

丁永良，曲善庆. 2003. 回眸工业化养鱼 30 年[J]. 现代渔业信息，18(1)：9-14.

丁永良，苏建通. 2000. 循环经济与“3R 准则”呼唤世界工业化养鱼[J]. 现代渔业信息，15(6)：3-8.

丁永良，张明华. 2003. 台湾省的特色水产养殖业与工业化养鱼[J]. 现代渔业信息，18(6)：9-13.

关长涛，来琦芳. 2006. 以色列集约化水产养殖方式与装备介绍[J]. 渔业现代化，33(3)：24-26.

郭根喜. 2006. 我国深水网箱养殖产业化发展存在的问题与基本对策[J]. 南方水产，2(1)：66-70.

海洋渔业发展战略研究调研组. 2012. 我国海洋渔业资源可持续利用对策研究[A]. 见：农业部渔业局. 海洋渔业发展问题调研报告与资料汇编[C]：64-72.

胡爱英，刘晃. 2007. 水产养殖设施技术的发展与展望[J]. 现代渔业信息，22(8)：15-16.

林德芳，关长涛，黄文强. 2002. 海水网箱养殖工程技术发展现状与展望[J]. 渔业现代化，29(4)：6-9.

南海渔业发展战略研究调研组. 2012. 南海渔业发展战略研究报告[A]. 见：农业部渔业局. 海洋渔业发展问题调研报告与资料汇编[C]：34-47.

农业部渔业局. 2013. 中国渔业统计年鉴 2013[M]. 北京：中国农业出版社.

徐皓，江涛. 2012. 我国离岸养殖工程发展策略[J]. 渔业现代化，39(4)：1-7.

徐皓，倪琦，刘晃. 2007. 我国水产养殖设施模式发展研究[J]. 渔业现代化，34(6)：1-6.

徐皓，张建华，丁建乐，等. 2010. 国内外渔业装备与工程技术研究进展综述[J]. 渔业现代化，37(2)：1-8.

徐皓，张祝利，张建华，等. 2011. 我国渔业节能减排研究与发展建议[J]. 水产学报，35(3)：472-480.

张福绥. 2000. 21 世纪我国的蓝色农业[J]. 中国工程科学，2(12)：21-28.

张世羊，李谷. 2013. 地下水用于循环水养殖模式的潜质与风险[J]. 中国渔业质量与标准，3

(3)：99-105.

赵卫忠，黄洪亮 . 2005. 海洋球型(Ocean Globe)网箱结构与特点介绍[J]. 现代渔业信息，20(7)：27-29.

中国养殖业可持续发展战略研究项目组 . 2013. 中国养殖业可持续发展战略研究(水产养殖卷)[M]. 北京：中国农业出版社 .

de Bartolome F，Mendez A. 2005. The tuna offshore unit：concept and operation[J]. IEEE Journal of Oceanic Engineering，30(1)：20-27.

专题报告三　海洋工程重大装备*

深海洋底是人类至今难以涉足的神秘领域，这一资源丰富、有待开发的新空间，将成为人类未来重要的能源基地和科技创新的前沿，对深海洋底的探测和太空探测一样，具有很强的吸引力和挑战性。积极发展海洋高新技术，占领深海技术的制高点，开发海洋空间及资源，从海洋获得更大的利益是世界各国的重点发展战略，也是我国必须面对的历史使命。

一、中国海洋石油工业在创新中发展

1956 年莺歌海的气苗、1967 年“海 1 井”的成功钻探拉开了中国海洋石油工业的序幕。顺应世界石油工业从陆地转向海洋的大趋势，1982 年中国海洋石油总公司应运而生。三十多年来，中国海洋石油工业实现了从无到有，从合作经营到自主经营，由技术引进、技术集成到核心技术自主研发的跨越发展。当前我国海域管辖面积近 300 万平方千米，已圈定大中型油气盆地 26 个，石油地质资源量为 350 亿～400 亿吨，从 1982 年成立之初年产 9 万吨到 2010 年年产 5 185 万吨、建成了“海上大庆”。“十一五”期间，我国石油增量的 70％来自海洋，海洋石油正在成为实现我国能源安全工业可持续发展、保障我国能源安全、维护海洋权益和国家安全的重要战略领域。

截至 2012 年年底，我国已建成海上油气田 86 个、海上平台 178 座、海底管道 5 280 千米、浮式生产储卸油轮（floating production storage offloading, FPSO）17 艘、水下油气田 5 座、陆上油气终端 11 座（2012 年《海洋石油年报》），已形成了较为完整的近海 300 米以内海上油气田勘探开发工程技术体系，同时形成了近海油气勘探、钻探、工程建造、生产以及运行服务相配套的海上油气开发重大装备及作业体系，建立了与海洋石油工业相配套的产业链。2010～2012 年中国海洋石油总公司建成以海洋石油 981 深水半潜式钻井平台为核心的 3 000 米水深深水工程重大作业装备，2014 年 4 月，我国南海第一个水深 1 480 米深水气

* 本报告执笔人：周守为、李清平、刘健。

田建成投产，拉开了我国深水油气田开发的序幕，实现了我国海上油气田开发能力由 333 米到 1 500 米的跨越。科技创新已成为引领我国海洋石油工业发展的主要推动力，深水海洋工程重大装备已成为助力海洋石油工业进军深水、实现我国石油工业可持续发展的有力支撑。

深水是世界海洋石油工业的主战场和科技创新的前沿，也是我国海洋石油工业实现可持续发展的重要战略领域。我国南海蕴藏着丰富的油气资源，石油地质储量在 230 亿～300 亿吨，其中 70%蕴藏在水深大于 300 米的深水区，因此，加快深水油气勘探开发的进程是有效缓解我国能源供需矛盾、保障我国能源安全、维护海洋权益的必要手段。

1996 年、1997 年，我国通过对外合作先后开发了水深 310 米的流花 11-1 油田、水深 333 米的陆丰 22-1 油田；2006 年，中国海洋石油总公司和哈斯基石油有限公司在南海北部水深 1 480 米处成功钻探荔湾 13-1-1 井；2011 年，我国先后建成了 3 000 米水深半潜式钻井平台海洋石油 981、深水勘察船海洋石油 981、12 缆深水物探船海洋石油 720、深水起重铺管船海洋海洋石油 201，2012～2013 年，海洋石油 981、海洋石油 201、海洋石油 708 在荔湾 3-1 气田水下钻井、水下采油树安装、深水药剂管道的铺设中得到成功应用，2014 年 4 月荔湾 3-1 气田顺利投产，实现了我国海洋石油开发工程从 333 米到 1 500 米的跨越发展和深水工程重大装备及作业技术的突破，打破国外深水工程技术和装备的垄断，为我国走向世界深水大洋奠定了扎实的基础。

二、我国海洋能源工程装备发展现状

2010 年是我国海洋工业历史上具有划时代意义的一年，我国海上油气产量达到 5 185 万吨，建成“海上大庆”，同时建立了近海海上地球物理勘探、工程地质调查、钻完井作业、海上起重铺管、作业支持船以及配套作业装备体系，形成了自主 300 米水深以浅海上油气田自主开发能力；2011 年，初步建成世界先进的深水工程重大作业装备——海洋石油 981、海洋石油 201、海洋石油 708、海洋石油 720 等 3 000 米深水作业装备，但与国外先进国家相比还有很大差距。下面从海洋油气勘探、施工作业、生产三个方面描述我国海洋能源重大装备的现状。

(一)我国海上油气勘探装备发展现状

1. 海上物探船

目前我国从事海上地震勘探作业装备主要包括中海油田服务股份有限公司物探事业部所属的 14 艘物探船和广州海洋地质调查局所属的 4 艘物探船，主要用于常规海上二维、三维地震数据采集。这些物探船配备的拖缆地震采集系统主要购买自法国 Sercel 公司和美国 I/O 公司，其中以 Sercel 公司的产品居多。中海油田服务股份有限公司物探事业部拥有二维地震船(NH502)、三维地震船 6 艘(BH511、BH512、东方明珠、海洋石油 718、海洋石油 719、海洋石油 720)以及 2 支海底电缆队。NH502、BH511(3 缆)、BH512(4 缆)、东方明珠(4 缆)、海洋石油 718(6 缆)、海洋石油 719(8 缆)、海洋石油 720(12 缆)均装备了当前世界最为先进的海洋拖缆地震采集系统。海底电缆队则配备了比较先进的 SeaRay 300 四分量海底电缆采集系统，可完成以下海洋地震采集作业：①常规二维地震作业；②二维长缆地震作业；③二维高分辨率地震作业；④二维上下源、上下缆地震作业；⑤常规三维地震作业；⑥三维高分辨率地震作业；⑦三维准高密度地震作业；⑧三维双船作业；⑨海底电缆采集作业。

海洋石油 720(图 1)于 2011 年 5 月交船投运，创造了我国海上物探历史日航新高 160.825 千米，日采集资料面积 96.495 平方千米的好成绩，开创了我国物探史上的新篇章，是我国乃至东南亚最先进的深水物探作业船舶。

图 1　海洋石油 720

资料来源：《2014 海洋能源工程战略研究报告》

2. 海上物探作业装备

海上物探作业装备主要包括地震采集系统、导航系统、拖缆控制系统、震源系统等。自 20 世纪 90 年代起，国际地震勘探仪器装备厂商经过激烈的竞争、兼并、联合，基本上形成了以法国 Sercel 公司和美国 I/O 公司占据世界主要市场的新格局。目前我国还没有形成自主的海上地震勘探及工程勘探装备体系。因此，绝大部分海上物探装备仍依靠进口，其潜在的主要问题和风险如下所示。

(1)核心设备技术封锁。国外在高精度勘探仪器装备领域对我国实施技术封锁，如禁止向中国出口小于12.5米道距的拖缆地震采集系统等核心设备，增加了我国建设海上高分辨勘探能力的难度。

(2)投资高、采办周期长。目前海上地震采集设备以及勘探软硬件系统全部依赖进口，价格高，备件采办周期长。

(3)总体研究力量和设备生产能力薄弱，离形成自主知识产权的海上地震勘探装备体系还有很大距离。

目前我国正在加快研制具有自主知识产权的海上高精度地震勘探成套化技术及装备，这项技术装备的研制将提升我国海洋油气藏开发，特别是对复杂地层和隐蔽油气藏的勘探开发能力，全面提升海上油气资源地震勘探技术水平，更有效地解决海上油气开发生产中精细构造解释、储层描述和油气检测的精度问题，提供深水勘探战略强有力的技术支撑，有利于充分开发蓝色国土，缓解我国能源短缺的压力。

3. 工程勘察船

世界深水工程勘察装备作业水深已超过3 000米，其作业范围集中在墨西哥湾、北海、西非和南美等深水海域。目前我国从事海上工程地质勘察作业和钻孔作业装备主要包括中海油田服务股份有限公司物探事业部、国家海洋局、中国科学院和广州海洋地质调查局所属的工程地质勘察船。2011年前，我国海上工程地质浅钻取芯能力在500米水深范围内(表1)。

表1 国内海上工程地质勘察船能力对比表

船名	主要用途	所属单位
滨海218 1979年建造	工程地质勘察船，船长55米，作业水深<100米，钻孔深度<150米	中海油田服务股份有限公司
滨海521 1975年建造	船长50米，海底灾害性地质调查，近海浅水作业	中海油田服务股份有限公司
南海503 1979年12月建造	综合勘察船，船长78米，钻孔300米水深、150米钻探能力；物探最大作业水深600米；无CPT(cone penetration test，即圆柱静力触探)	中海油田服务股份有限公司
海洋石油709 2005年2月建造	综合监测船，船长79.9米，动力定位DP-2，设计钻孔作业能力；水深<500米，未配置钻机，缺少必要的取样工作舱室、泥浆储藏舱，无直升机平台；该船不能满足深水勘察的要求	中海油田服务股份有限公司

续表

船名	主要用途	所属单位
勘 407	综合勘察船，长 55 米，作业水深＜150 米，钻孔深度＜120 米	中石化总公司
奋斗 5 号	综合勘察船，长 67 米，作业水深＜150 米，钻孔深度＜120 米	国土资源部
大洋一号	综合性海洋科学考察船，船长 104 米；可进行深水物探和海底取样，无钻孔设备；主用于科学考察和研究	中国大洋协会
海监 72/海监 74	海底灾害性地质调查，船长 76 米；作业水深 300 米	国家海洋局
海洋六号 2009 年 10 月建造	以天然气水合物资源调查为主，兼顾其他海洋调查，船长 106 米，宽 18 米，电力推进，动力定位 DP-1，最大航速 17 节，配置深水多波束、深海水下遥控探测[遥控水下机器人(remote operated vehicle，ROV)]系统、深海表层取样和单缆二维高分辨率地震调查系统等；没有设计配置工程地质钻孔设备	国土资源部广州局
海洋石油 708 2011 年 12 月建造	船长 105 米，宽 23.4 米，电力推进，动力定位 DP-2，最大航速 14.5 节，适应作业水深 3 000 米，配置深水多波束、ADCP、名义钻深 3 600 米的深水工程钻机、深水海底 23.5 米水合物保温保压取样装置、150 吨吊机等，可在 7 级风 3 米浪的海况下作业	中海油田服务股份有限公司

2011 年，海洋石油 708(图 2)建造成功，它是全球首艘具备起重、勘探、钻井等功能的综合型工程勘察船，作业水深 3 000 米，钻孔深度可达海底以下 600 米。海洋石油 708 船成功投入使用标志着我国成功进入海洋工程深海勘察装备的顶尖领域，填补国内空白，极大地提高了我国深海海洋资源勘察作业能力，提升了海洋工程核心竞争能力。

(二)海上施工作业装备的发展现状

1. 钻井装备

应用于近海油气田的海洋模块钻机、坐底式钻井平台、自升式钻井平台等钻井装备均已实现国产化，其中自升式钻井平台海洋石油 941 和海洋石油 942 作业水深达到 120 米。

我国现有 8 座半潜式钻井平台，包括自主研制的勘探 3 号，从国外进口的南海 2 号、南海 5 号、南海 6 号和勘探 4 号，最大工作水深为 457 米；我国自主建造的超深水半潜式钻井平台海洋石油 981，作业水深达 3 000 米；中海油田服务股份有限公司还拥有 2 座作业水深 762 米半潜式钻井平台(COSL Pioneer 和 COSL Innovator)；另外尚有一座作业水深 762 米的半潜式钻井平台(COSL Promoter)和一座作业水深 2 154 米的半潜式钻井平台在建。2011 年我国第一座深水

图 2 海洋石油 708

资料来源：《2014 海洋能源工程战略研究报告》

半潜式钻井平台海洋石油 981 顺利完成建造调试，其详细设计、建造为国内独立完成，各项技术指标均达到国际上最先进的第六代钻井平台标准。目前，海洋石油 981 已成功实施水深 2 400 米的深水井钻探。但与国外先进公司相比，在数量上、装置类型上还有很大差距。

2. 修井装备

我国近海油气田使用的修井装备主要包括平台修井机、自升式修井平台、自升自航式修井船(Liftboat)均已实现国产化，其中使用最多的是平台修井机，渤海油气田有大量平台修井机，平台修井机大钩载荷范围为 90～225 吨，其中大部分平台修井机的大钩载荷为 135 吨和 180 吨。目前国内尚无专用的深水修井装备。

3. 起重铺管船

我国起重铺管船起步于 20 世纪 70 年代，经历了外购改造浅水起重铺管船、自主设计建造浅水起重铺管船到自主建造深水起重铺管船三个阶段。目前在用的起重铺管船舶有 18 艘，主要归属各打捞局及中海油能源发展采油服务公司、中石油和中石化等单位。表 2 给出了我国起重铺管船主要参数。

表 2　我国起重铺管船主要参数列表

序号	船舶名称	归属公司	类型	投产时间	主尺度 总长×型宽×型深 /(米×米×米)	作业水深 /米	主要作业参数
1	滨海 105	中海油能源发展采油服务公司	起重船	1974 年	80×23×5	—	主吊机:200 吨
2	滨海 106	中海油能源发展采油服务公司	起重、铺管船	1974 年	80×23×5	—	主吊机:200 吨 最大铺设管径:30 英寸[1)]
3	滨海 108	中海油能源发展采油服务公司	起重船	1979 年	102×35×7.5	—	主吊机:900 吨
4	大力号	上海打捞局	起重船	1980 年	100×38×—	—	主吊机:2 500 吨
5	滨海 109	中海油能源发展采油服务公司	起重、铺管船	1987 年	93.5×28.4×6.7	—	主吊机:300 吨 最大铺设管径:60 英寸
6	德瀛	烟台打捞局	起重船	1996 年	115×45×—	—	主吊机:1 700 吨
7	胜利 901	中石化	起重、铺管船	1998 年	91×28×5.6	—	最大铺设管径:40 英寸 张紧器:2×50 吨, 收放绞车:50 吨
8	蓝疆	中海油能源发展采油服务公司	起重、铺管船	2001 年	157.5×48×12.5	6～150	主吊机:3 800 吨 最大铺设管径:48 英寸
9	小天鹅	中铁大桥局股份有限公司	起重船	2003 年	86.8×48×3.5	—	主吊机:2 500 吨

续表

序号	船舶名称	归属公司	类型	投产时间	主尺度 总长×型宽×型深 /(米×米×米)	作业水深 /米	主要作业参数
10	四航奋进号	第四航务工程局	起重船	2004年	100×41×—	—	主吊机:2 600吨
11	天一号	中铁大桥局 股份有限公司	起重船	2006年	93×40×—	—	主吊机:3 000吨
12	华天龙	广州打捞局	起重船	2006年	167.5×48×—	—	主吊机:4 000吨
13	蓝鲸	中海油能源发展 采油服务公司	起重船	2008年	239×50×20.4	—	主吊机:7 500吨
14	海洋石油202	中海油能源发展 采油服务公司	起重、铺管船	2009年	168.3×48×12.5	200	主吊机:1 200吨 最大铺设管径:60英寸
15	中油海101	中石油	起重、铺管船	2011年	123.85×32.2×6.5	40	主吊机:400吨
16	胜利902	中石化	起重、铺管船	2011年	118×30.4×8.4	5～100	主吊机:400吨 最大铺设管径:60英寸
17	海洋石油201	中海油能源发展 采油服务公司	起重、铺管船	2012年	204.6×39.2×14	3 000	主吊机:4 000吨 最大铺设管径:60英寸

1)1英寸=0.025 4米

我国起重、铺管船具备以下几个基本特点。

1)海上起重铺管船队初具规模

国内在海洋工程起重船设计、制造方面已经取得长足发展。由原先的起重能力几百吨发展到现在的起重能力几千吨。其中，中铁大桥局股份有限公司的小天鹅号和天一号起重船起重能力分别达到了 2 500 吨和 3 000 吨，它们主要用于近海工程、桥梁的架设。上海打捞局和烟台打捞局也分别拥有各自的大型起重船舶大力号和德瀛号。广州打捞局的华天龙号起重船起重能力达到了4 000吨。海洋石油工程股份有限公司作为目前我国最大、实力最强，具备海洋工程设计、制造、安装、调试和维修等能力的大型工程总承包公司，拥有蓝疆号和海洋石油 202 号起重铺管船，分别拥有最大 3 800 吨和 1 200 吨的起重能力，海洋石油 201 号深水起重铺管船和蓝鲸号起重船更是具备了 4 000 吨和 7 500 吨的单吊最大起重能力。

2)起重铺管船作业范围涵盖浅水到深水

目前我国海上油气田勘探开发主要集中在近海海域，因此逐步形成了水深 10～100 米的，能适应渤海、东海、南海浅水区域的系列化的起重铺管船队。近几年，我国起重铺管船建造力度加大，我国先后建造作业水深 100～200 米的蓝疆号和海洋石油 202 号，具备作业水深 3 000 米的我国第一艘深水起重铺管船海洋石油 201 号。

3)起重铺管船同时兼备起重和铺管功能

我国铺管船大多具备大型起重功能，拓展了相应海洋工程船舶的作业功能，实现一船多用。同时，目前我国起重、铺管船主要适用于近海海域作业需求，深水仅有一座深水铺管起重船——海洋石油 201，见图 3，它是世界上第一艘同时具备 3 000 米级深水铺管能力、4 000 吨级重型起重能力和 DP-3 级全电力推进的动力定位，并具备自航能力的船型工程作业船，能在除北极外的全球无限航区作业，其总体技术水平和综合作业能力在国际同类工程船舶中处于领先地位，代表了国际海洋工程装备的最高水平。

4. 海上油气田作业支持船

2011 年前，我国海油田所有储量和产量的来源均为 350 米水深以内的近海。因此，工程支持船基本在 12 000 马力以内，大多数主机推进功率在 8 000 马力以下，船舶专用配套设备参差不齐，并且船舶大多以外购的二手船为主。随着老油田产能的快速递减，重质稠油油田、边际油田的份额增加，深远海油气开发工程支持系统所涉及的高附加值船舶正在研制，包括深远海油气开发大型浮式工程支持船、深水三用工作船、深水油气田供应船等。

1)三用工作船与供应船

三用工作船与供应船是最为重要的海上作业服务支持船舶，三用工作船提供

图 3 深水铺管起重船海洋石油 201

资料来源：《2014 海洋能源工程战略研究报告》

抛起锚作业、拖曳作业、守护作业、消防作业等服务。随着海上油气开采的范围越来越广，逐渐向深海区域发展，作业海况越来越恶劣，对作业支持船的功能要求、性能要求越来越高，兼有供应、拖曳、抛起锚、对外消防灭火作业、救助守护、海面溢油回收、消除海面油污、潜水支援、电缆敷设、水下焊接与切割等功能的多用途海洋工作船是三用工作船的延伸。海上供应船是往返于供应基地和海上平台之间进行物资供给的船舶。到 2012 年 6 月，各类近海平台工程支持船数量达 219 艘。目前国内深水三用工作船仅有 2 艘(作业水深可达 3 000 米、有较大的船舶主尺度、10 000 马力(1 马力=0.735 千瓦)及以上、供应船载重 3 000 吨、6 000 马力以上)。

国内典型三用工作船：滨海 204 由丹麦 Arhus Flydedok A/S 建造，主机功率为 3 800 马力，总长 53.10 米，型宽 11.02 米，型深 4.00 米，系柱拉力 35～40 吨；海洋石油 681(图 4)按照国际知名设计公司 Rolls-Royce 的 UT788 船型设计，由中国武昌船厂建造，是一艘多功能、具有超深水作业能力的三用工作船，采用先进的 Hybrid 柴电混合推进技术，具备动力定位功能(DP-2)、功率达到 30 000马力、带冰区加强，是目前世界上最先进的深水三用工作船。

目前，我国海洋工程船舶设计主要是通过对国外母型船展开研究的基础上并加以改进。因此，我国虽拥有了自主建造的海洋工程支持船，但新船型开发、船舶概念设计的能力急需加强。

2)三用工作船与支持船的专用设备

三用工作船与支持船的专用设备主要包括大型船用低压拖缆机、船用多功能甲板 ROV 等。

图4　海洋石油681

资料来源：《2014海洋能源工程战略研究报告》

国内16～50吨中小规格拖缆机的生产厂家主要有武汉船用机械有限责任公司和南京绿洲船用机械厂，国内100吨以上的低压拖缆机除武汉船用机械有限责任公司生产外，其他基本依赖进口。大型、超大型拖缆机受制于外国少数公司，已成为我国海洋工程装备业发展的瓶颈。

2008年武汉船用机械有限责任公司基于多年生产的低压叶片马达技术基础，结合先进的电液控制技术的应用，联合中海油能源发展采油服务公司成功开发了250吨级低压双滚筒拖缆机(图5)，打破了该类产品长期被少数国外厂商垄断的局面。2011年起武汉船用机械有限责任公司正在进一步开发集成化和远程遥控的新型低压大扭矩马达，着手开发350吨级三滚筒拖缆机，这将加速低压超大型拖缆机国产化的步伐，为深海海洋工程装备的自主研发奠定基础。

图5　250吨级低压双滚筒拖缆机

资料来源：《2014海洋能源工程战略研究报告》

5. 多功能水下作业支持船

多功能水下作业支持船属于高端技术服务船舶，为水下作业系统提供安全作业空间，为动力、水、气、信息等提供接口，并为操作人员提供生活和安全保障条件。

水下工程支持船(工作母船)作为 ROV 和 HOV(hybrid operation vehicle)的载体和布放、回收作业主体，是水下检修、维护作业正常实施必不可少的重要装备。多功能水下作业支持船是为了满足水下工程的发展需要，从海洋工程支持船中衍生出的一类特殊的海洋工程支持船。相比普通的平台供应船、锚作业支持船等，这一类支持船更加注重对水下施工作业、水下检查、水下维修等水下高难度工程作业的支撑服务。由于目前欧美国家在水下工程方面具有绝对的领先优势，因此，其相应的支撑配套船舶的发展也领先于其他国家，且已经形成了较大的规模船队。

(三)海上油气田生产装备的发展现状

我国现有海洋油气生产装备主要集中在 300 米水深以浅，主要包括各种类型的导管架平台、333 米水深以浅浮式平台[FPSO、半潜式生产平台(semi-floating production system，SEMI-FPS)]、水下生产设施等。其中，我国在 FPSO 建造运行方面形成具有自主特色的技术和方法。

1. 浮式生产平台

浮式生产平台是深水油气开发的主要设施之一，主要包括深水浮式平台型张力腿平台(tension leg platform，TLP)、深吃水立柱式平台、半潜式生产平台和 FPSO。截至 2012 年，运行在世界各地的深水平台约 260 座，其中 TLP 31 座、深吃水立柱式平台 22 座。

我国具有国际先进的海上大型 FPSO 设计、建造能力：中海油能源发展采油服务公司最早采用的 FPSO 方案是从 1986 年改造“南海希望”号开始的；1987 年在开发渤中 28-1 油田中，首次自行研制了 5 万吨级的“渤海友谊”号，该船获得过国家科学技术进步奖一等奖和“十大名船”称号。在海洋油气开发的实践中，中海油能源发展采油服务公司不断探索自主研制 FPSO 加快国产化进程的方法；先后与国内有关科研机构和造船企业合作，使 FPSO 作业水深从 10 多米提高到 300 多米，服务海域从渤海冰区到南海台风高发区，储油能力从 5 万吨级发展到 30 万吨级；目前我国已掌握了 FPSO 总体选型、原油输送、系泊系统、油气处理设施、技术经济评价等关键技术，中国海洋石油公司也成为世界上拥有 FPSO 数量较多的公司。

目前中海油能源发展采油服务公司已经建造 FPSO 17 座，同时拥有一座海外 FPSO、拥有一座睦宁号 FPSO，其中创新技术包括“大型浮式装置浅水效应”设计、浮式生产储油系统抗冰设计、抗强台风永久性系泊系统、应用于稠油开发的 FPSO。2007 年投运的海洋石油 117 为世界最大的 FPSO，船长 323 米，型宽 63 米，型深 32.5 米，可抵御百年一遇的海况，30 万吨储油能力，处理能力 3 万吨/天，造价 16 亿美元。

目前我国仅南海流花 11-1 油田的南海挑战号半潜式生产平台(图 6)为用于生产的半潜式生产平台。

图 6　流花 11-1 油田的南海挑战号半潜式生产平台

资料来源：《2014 海洋能源工程战略研究报告》

同时我国正在开展 TLP、深吃水立柱式平台、大型浮式液化天然气船(floating liquid natural gas，FLNG)、浮式液化石油气船(floating liquid petroleum gas，FLPG)和浮式钻井生产储油卸油轮(floating drilling production storage and offloading，FDPSO)的研制。

2. 水下生产设施

在深海油气田开发中，水下生产设备以其显著的技术优势、可观的经济效益得到各大石油公司的广泛关注和应用，已经成为开采深水油气田的关键设施之一，目前全世界水下完井数目约 6 000 口，截至 2013 年年底，我国水下完井 64 口，但我国几乎所有水下生产设备都依赖于进口。

水下生产设施一直被国外少数厂家垄断，目前，中国海洋石油总公司所属海洋工程股份有限公司、中海油研究总院宝鸡石油机械厂、江苏金石集团和上海美钻公司(合资)等已经开始水下采油树、水下管汇、水下连接器、水下阀门等的研制，其中流花4-1水下油田桥接管汇由FMC公司进行设计，整个建造由深圳巨涛海洋石油服务有限公司完成；崖城13-4气田简易水下管汇由上海美钻公司、中海油进口分公司设计并建造完成，该简易水下管汇首次使用了国产水下连接器，这些都为我国自主进行管汇设计与建造奠定了良好的基础。

3. 海上流动安全保障设施

流动安全是制约深水油气田开发的关键，其相关核心设计技术、监测与管理技术一直为国外所垄断。目前我国已经建立了达到世界先进水平的室内水合物、蜡沉积流动安全试验系统、多相管流和混输立管试验系统，具备深水流动安全设计能力，建造、安装、调试能力，并研制了基于压力波动的海上立管段塞监控系统、研制管道流型分离与旋流分离相结合的高效分离段塞控制系统；成功应用于文昌油田FPSO、歧口17-2平台，比常规分离器体积缩小2/3，并有效控制90%立管段塞、保障油田稳定运行，提高产量15%，同时水下增压、水下分离、水下段塞捕集、水下清管装置的研制已经启动。

4. 深水海底管道和立管

目前，我国具备自主开发深水大型油气田海底管道和立管工程设计、建造、安装、涂敷、预制能力，具备深水海底管道和立管关键性能实验室试验能力，掌握深水立管动力响应实时监测和海底管道检测主要技术，为我国深水油气田的开发和安全运行提供技术支撑和必要的技术储备。

通过自主研发基本掌握了顶张紧式立管、钢悬链式立管和塔式立管的设计、建造和安装铺设技术，在立管涡激振动及抑制措施、抑制效率方面通过大量的水池试验取得了突破性的认识和进展。

(四)深水井控及应急救援技术及装备

海上钻井具有高技术、高风险、高投入的特点。近年来，世界石油行业发生多起重大事故。据挪威科技工业研究院(the Foundation for Scientific and Industrial Research，SINTEF)统计，1980～2008年海上井喷事故中，80.4%是在钻井工程中发生的。

2010年4月20日，英国石油公司在墨西哥湾的Macondo井发生井喷爆炸，36小时后钻井平台“深水地平线”沉没，地层油气通过井筒和防喷器持续喷出87天。事故造成11人失踪、17人受伤，泄漏到墨西哥湾中的原油超过了400万桶，成为美国历史上最严重的漏油事件，给墨西哥湾沿岸造成严重环境污染，引起重大经济损失、政治危机和社会危机，成为一场生态灾难。事故后，埃克森美孚公司(Exxon Mobil Corp.)、雪佛龙公司(Chevron Corp.)、荷兰皇家壳牌有限公司(Royal Dutch Shell PLC)和康菲石油公司(ConocoPhillips)组建了一家合资企业来设计、建造、运营一个快速反应系统。系统包括数艘漏油收集船和一整套水下防泄漏设备，可以收集并控制海面以下一万英尺(1英尺=0.3048米)深处每日至多10万桶石油的泄漏。

在过去石油工业历史上，在陆地、海上发生过上百口井井喷失控案例，尤其是海湾战争，以及墨西哥湾、北海、西非等深水海域的井喷失控事故，积累了大量应急救援技术，包括封盖灭火技术、带压开孔作业技术、水力切割、救援井技术等，在英国石油公司墨西哥湾事故中，采用了ROV关闭防喷器、隔水管插入式回收溢油、下部隔水管总成(lower marine riser package，LMRP)盖帽、控油罩、顶部压井、泵入水泥浆固井以及钻救援井等。国外有专门从事井控及应急救援专业公司，如Halliburton Boots & Coots，Wild Well Control，John Wright CO.，Helix等公司，其中在2010年墨西哥湾井喷爆炸事故中，Wild Well Control公司制造了控油罩，John Wright CO.负责灭火、救援井设计等工作，Helix实施了顶部压井施工。总结现场作业技术和经验，已经形成了一些深水井控及应急救援标准规范：国际钻井承包商协会(International Association of Drilling Contractors，IADC)深水井控指南，美国石油协会(American Petroleum Institute，API)、ISO(International Standardization Organization，即国际标准化组织)、NORSOK(挪威石油标准化组织)都有相关的标准和规范，油公司、服务公司都有井控手册、应急救援指南；形成了SPT公司DrillBench、OLGA ABC等井控及压井作业软件，用于模拟救援井压井，另外IADC、国际井控论坛(International Well Control Forum，IWCF)、井控公司也制定了标准的井控计算指南。我国刚刚进入深水油气田开发领域，开始进行深水井控及应急救援技术研究，还未形成相关技术标准。

我国南海是台风活动极其频繁、路径极其复杂的海区之一，频发的台风无疑使海上石油勘探开发作业装置面临巨大挑战。2006年8月，DISCOVERER 534在抗击台风“派比安”过程中隔水管从转盘面处折断，52根隔水管以及防喷器组全部落海，损失惨重。以海洋石油981平台为例，其在白云13-2-1井钻井作业期间遭遇4个台风影响，共影响作业12天。南海台风严重影响钻井作业，台风来临时既要保证井口、隔水管和平台安全，又要尽快将钻井平台驶离台风轨迹，转移到安全海域。

目前我国针对深海，特别是南海领域的重大石油事故的应急救援方案和装置基本处于空白，发生钻井井喷漏油事故后寻求类似的海外帮助难度很大，因此，有必要建立一套具有自主知识产权的本土化的深海应急救援技术体系和工程装备。

三、我国海洋工程装备发展面临的问题及挑战

深水工程创新技术和重大装备是引领深水能源开发的关键，第六代钻井船、

16 缆勘探船、2×7 000 吨的起重铺管船，以及深水平台、水下生产设施、流动安全保障、海底管道等创新技术的发展促成了墨西哥、巴西、西非深水能源开发“金三角”的形成。目前已开发深水大型油气田达 50 多个，国外投产油气田的最大水深记录为 2 743 米，钻探记录为 3 095 米，水下气田回接到岸上处理厂最远距离约为 143 千米。目前已建成 260 多座深水浮式平台、6 400 多套水下井口装置，深水油田产能已达 350 万桶/天，各国石油公司已把目光投向了 3 000 米水深。

我国近海能源开发技术和装备已基本实现国产化，但我国深水工程技术和装备远远落后于世界发达水平。我国自主开发的海上油气田水深记录为 330 米，同时我国海上复杂的油气藏特性(高粘、高凝、高含蜡)以及恶劣的海洋环境条件，如夏季强热带风暴、深水内波、海底沙脊沙坡等特点决定了我国深水油气田开发将面临诸多挑战；深水油气田开发需要深水物探船、工程勘察船、半潜式钻井平台或钻井船、铺管船、起重船、支持船、采油平台、水下生产系统、修井船等重大装备。我国在“十一五”期间已建造了作业水深 3 000 米的 5 型(6 座)工程装备，即半潜式钻井平台、铺管起重船、12 缆物探船、三用工作船(2 座)，但建造数量远远不能满足我国海洋能源，特别是深水油气田开发的需求。同时我国在海上油气田建造施工作业、钻探、生产和应急救援装备与国外先进技术相比在总体性能、绝对数量、配套装备、综合作业能力方面都有很大差距。我国在深水平台(深吃水立柱式平台、TLP 平台、生产半潜平台等)、水下生产系统(水下井口、水下采油树、水下管汇等)、流动安全装备、深水修井船、在应急救援等大型装备方面还是空白，主要表现在如下几方面。

(1)设计技术掌握在国外少数厂家手中，国内只能承接建造。

(2)数量和性能上与国外差距还很大：我国拖缆物探船最大作业能力为 12 缆，国际领先水平已达到 24 缆以上的作业能力；中海油田服务股份有限公司拥有高端物探物探船(6 缆以上)3 艘，全球高端物探船共计 73 艘，其中西方奇科 16 艘，CGG 公司 15 艘，PGS 公司 13 艘(其中在建 2 艘)；国外具有深水钻探工程船有 10 艘，我国仅有海洋石油 708；国外第五代、第六代钻井船、平台 33 座，我国仅有海洋石油 981 一座。

(3)上部所配置的核心设备全部依靠进口，如海洋石油 720、海洋石油 708、海洋石油 981 上部设施无一例外都是依赖进口。

我国南海油气田的勘探开发面临着勘探开发区域广、水深、离岸远的局面，环境恶劣，针对我国深水油气田的特点，应将引进消化国外先进技术与自主创新相结合，尽快实施我国深海能源开发工程，突破特殊地质环境和海洋资源勘探开发关键技术，自主研发成套的深水油气田开发工程技术装备对大规模开发利用海洋资源、有效缓解日益突出的油气资源短缺压力，增强我国油气资源的基础保障能力，为油气能源安全奠定重要基础，并使海洋产业，特别是深水技术产业逐步成为我国国民经济的支柱产业，进一步把中国建设成海洋强国，维护我国海洋国土权益具有重要的战略意义。

四、战略思路

以国家海洋大开发战略为引领，以国家能源需求为目标，大力发展海洋能源工程核心技术和重大装备，加大近海稠油、边际油田高效开发，稳步推进中、深水油气资源勘探开发进程，探索海域天然气水合物目标勘探与试开采核心技术，保障国家能源安全和海洋权益，为走向世界深水大洋做好技术储备。

1. 建立一支深水作业船队

到 2020 年，在 3 000 米深水半潜式钻井平台海洋石油 981、深水铺管船海洋石油 201、深水勘察船海洋石油 708、深水物探船海洋石油 720、750 米深水钻井船(先锋、创新号)的基础上，完成多功能自动定位船、5 万吨半潜式自航工程船、1 500 米深水钻井船(prospector)、750 米深水钻井船(promoter)建造，并开展 2×8 000 吨起重铺管船、FLNG、FDPSO 等的设计建造，建立 3 000 米水深作业装备为主体的深水工程作业船队，全面提升我国深水油气田开发技术能力和装备水平。

2. 加快深水油气田生产装备的研制

加快深水浮式平台、水下生产设施、流动安全设施、海底管道和立管的国产化研制步伐，并继续新型 FLNG、FDPSO 等储备技术研制，为打破国外垄断、支撑深水油气田自主开发、维护主权提供支撑。

3. 逐步建立海上应急救援技术装备

开展海上应急救援装备研制，包括载人潜器、重装潜水服、ROV、智能作业机器人(automatic universal vehicle，AUV)、应急求援装备以及生命维持系统，加快应急救援技术研究，建立应急救援技术、装备体系。

力争通过 30 年的时间，建立自主的深水油气田勘探开发技术体系、监/检测技术、应急救援技术装备体系，实现我国海洋能源开发由浅水到深水、由常规油气到非常规油气、由国内到国外发展的重点跨越，使我国海洋能源勘探开发工程技术与工程装备的总体水平达到国际先进水平，带动我国海洋能源大开发、形成配套支柱型产业，为建设海洋强国、保障国家能源安全提供支撑。

参考文献

周守为 . 2014. 海洋工程战略研究报告[M]. 北京：海洋出版社 .

专题报告四　中国海洋可再生能源产业发展战略研究报告*

一、国际海洋可再生能源产业发展现状

(一)发展概况

目前世界上共有近30个沿海国家在开发海洋能和海洋风能技术。英国在海洋能(主要是波浪能、潮流能)技术上世界领先，美国、加拿大、挪威、澳大利亚和丹麦也有很多海洋能装置正在开发。各种类型的海洋能中，目前仅潮汐能开发利用技术相对成熟，其他几种海洋能开发利用技术尚处于概念研究阶段或样机研发阶段和示范试验阶段。与海洋能相比，海洋风能技术比较完善，已经进入商业化开发阶段。西欧、北欧、北美各国的海洋风能产业已初具规模，开始在一次能源供给中发挥重要作用。

潮汐能发电技术主要是基于建筑拦潮坝，利用潮水涨落的水能推动水轮发电机组发电。在所有海洋能技术中，潮汐坝是最成熟的技术，目前世界上已经有几座装机容量百兆瓦级的商业发电站运行，如法国朗斯电站、英国塞汶河口电站、加拿大安纳波利斯电站、加拿大芬地湾电站等，还有一些新的建设和可行性研究正在进行。但潮汐发电对环境有潜在的负面影响且工程建设需要巨额投资。

波浪能发电是利用物体在波浪作用下的纵向和横向运动、波浪压力的变化及波浪在海岸的爬升等所具有的机械能进行发电。目前世界上共有50多个波浪能发电装置。其结构形式、工作原理多种多样，包括振荡水柱式、筏式、浮子式、蛙式、摆式、收缩波道式、点吸收式等技术形式。目前波浪能发电技术欧洲整体居于领先地位，特别是近5年来，欧洲国家在此方面取得了很多进展，如Nascent海浪能公司就在着手建设几个海浪发电站，美、日、韩、澳等国也在加紧研发。

---

* 本报告执笔人：李大海、高艳波、潘克厚。

海流能和潮流能开发方式类似，都是利用海水流动的动能推动水轮机发电；区别在于海流水轮机单向发电，而潮流水轮机是双向发电；工作原理可分为轴流式、横流式和往复式。英国MCT公司研制的SeaGen系列机组已经达到了兆瓦级的水平，意大利的PdA公司以及韩国在潮流能发电技术方面也比较先进。目前，英国、美国、加拿大、韩国等国家已有较大规模的项目在实施当中，未来几年将会有数个十兆瓦级电站建成。

海洋温差能发电有三种方式，即开放式、封闭式和混合式。温差能资源主要集中于低纬度地区，温差能应用技术的研究也就主要集中在温差能资源丰富的国家(地区)。美国、日本、法国和印度在海洋温差能转换技术方面处于领先位置。

目前海洋盐差能转换主要有三种方法：①渗透压能法，即利用淡水与盐水之间的渗透压力差为动力，推动水轮机发电；②反电渗析法，即阴阳离子渗透膜将浓、淡盐水隔开，阴阳离子在溶液中定向渗透产生电流；③蒸汽压能法，即利用淡水与盐水之间蒸汽压差为动力，推动风扇发电。渗透压能法和反电渗析法有很好的发展前景，目前面临的主要问题是设备投资成本高、装置能效低。蒸汽压能法装置太过庞大、昂贵，这种方法还停留在研究阶段。2008年，Statkraft公司在挪威的Buskerud建成世界上第一座盐差能发电站。

欧洲在海上风电领域处于领先地位，丹麦于1991年投运了世界上第一个海上风电场。2010年欧洲海上风电总装机容量接近300万千瓦，可为欧洲290万户家庭提供电力。欧洲风能协会统计显示，各主要海洋风电大国的装机容量分别为：英国(1 341兆瓦)、丹麦(854兆瓦)、荷兰(249兆瓦)、比利时(195兆瓦)、瑞典(164兆瓦)、德国(92兆瓦)、爱尔兰(25兆瓦)、芬兰(26兆瓦)。

在海洋生物质能开发方面，许多沿海发达国家已经不同程度地启动了海藻能源技术的研究开发工作，尤以美国“微型曼哈顿”计划为代表。

(二)技术和产业发展现状

1. 概述

在各种类型的海洋能开发利用技术中，目前只有潮汐坝发电技术建立了较为成熟的商业化运营模式。波浪能和潮流能技术发展很快，其中一些目前已经达到预商业化样机阶段。其他形式的海洋能(海洋温差能、盐差能、海流能等)仍然处于概念设计、研发或初期样机阶段。海洋风电技术与陆上风电技术接近，与海洋能技术相比比较成熟。伴随着世界风电产业大发展，自20世纪90年代以来，海洋风电产业发展迅速，相关技术不断完善，发电成本持续降低，成为当前极具竞争优势和发展潜力的海洋可再生能源之一。据统计，2000年以来欧洲海洋风电产业的年均增长率超过30%。

为促进海洋可再生能源技术和产业发展，有关国际组织和各国(地区)政府采取了一系列举措。这些措施有助于促进全球市场形成，推动信息流发展，清除发展障碍，加快海洋能开发。对产业发展具有较大影响的措施有：①国际能源署的海洋能系统实施协议。参与的发展中国家将有机会利用相关知识成果转化来开发本国的海洋能资源。②海洋能利用装置的公平测试和评估(EquiMar)。这项由欧盟资助的行动，其目的是开发出一套完整的对波浪能和潮流能发电进行评估的标准。③波浪能发展规划和市场化(WavePLAM)项目。该计划旨在消除波浪能开发的非技术壁垒。④各国海洋能试验中心联合成立网络化的国际性机构，其成员包括全球第一家海洋能试验中心——位于苏格兰的欧洲海洋能源中心。利用中心已有的基础设施，特别是海上电缆、购电协议和许可证等，研究人员可以降低样机试验成本(European Ocean Energy Association，2010)。

随着世界各国对海洋能开发利用的日益重视，国际上从事海洋能研究、应用与商业化开发的机构和人员规模正在不断扩大，许多世界知名大学和科研院所纷纷进入海洋能研究领域，涌现出不少拥有新型海洋能转换技术或理念的中小型企业，一部分具有超前意识的大型国际能源和电力公司已经开始关注并参与海洋能的开发。据不完全统计，目前全世界涉及海洋能开发利用的从业机构已超过 200 家，以高校、科研机构和专门从事技术开发的中小型企业为主。

在海洋可再生能源产业全球竞争中，逐渐形成了以欧洲和北美为两大核心技术密集区的海洋能产业发展格局。其中，欧洲地区以英国的海洋能技术发展最为迅猛、产业化前景最为明朗。此外，澳大利亚和新西兰等大洋洲国家由于海洋国土面积广阔、海洋能资源储量丰富，也正在加紧推动海洋能的技术开发与商业化应用，具备海洋能产业快速发展的有利条件。

2. 潮汐能

作为最为成熟的海洋能技术，潮汐能技术早在几十年前就已实现商业化运行(李允武，2008)。潮汐电站先要建设堤坝封闭河口，再安装发电机组进行发电。世界上第一座规模较大的潮汐电站是装机容量 24 万千瓦的法国朗斯电站，该电站自 1966 年以来一直成功运行。其后，中国、加拿大、俄罗斯等国也先后建设运行了较小规模的潮汐电站。

2005 年，韩国 25.4 万千瓦始华湖潮汐电站开工建设，2011 年 8 月投入运营，它是目前世界上最大的潮汐电站，可以满足 50 万人口的城市用电需求。2007 年韩国 100 万千瓦的仁川湾潮汐电站和英国 864 万千瓦的塞文河口潮汐电站开始可行性研究，英国塞文河口潮汐电站的设计发电量预计可满足英国 2%的电力需求。种种迹象表明潮汐能进入了大规模开发利用阶段。

目前全世界潮汐能发电能力尚不足 60 万千瓦。然而，在目前已经确定了多个项目中，有一些项目的装机容量非常大，这些规划中的电站主要分布在英国(塞文河口)、印度、韩国和俄罗斯(白海和鄂霍次克海)等国。

3. 潮流(海流)能

目前处于概念设计或样机研发阶段的潮流能发电装置超过 50 个，但是否能够实现规模化商业运营尚待检验。技术最成熟的装置是装机容量 1.2 兆瓦的 SeaGen 潮流涡轮机，该装置安放在北爱尔兰斯特兰福德湖(Strangford Lough)，已并网发电(Renewable UK，2010)。一家名为 Open Hydro 的爱尔兰公司在苏格兰欧洲海洋能研究中心试验了其研制的开环式涡轮机，最近又在加拿大芬地湾进行了试验。

潮流能资源分布不甚广泛，只有在潮流流速较快处(海岬周围或岛屿间海峡)建设潮流能电站才具有经济性。欧洲(特别是苏格兰、爱尔兰、英国、法国)、中国、韩国、加拿大、日本、菲律宾、澳大利亚、南美等区域都有适合建设潮流能电站的位点。预计在未来 10 年里将出现数量众多的潮流能开发计划。开发实践将有助于降低潮流能的开发成本。

洋流(如墨西哥湾流)也是目前重点研究的对象。相对于流速较快、相对受限的窄急海流，洋流流速较慢、单向性较好。因此，利用洋流进行发电所需技术也将有所不同。目前，还未见相关试验电站或者示范电站的报道。洋流的尺度非常大，其携水量远大于潮流。如果低速海流发电技术能够取得突破，将促进海流能重大项目的建设。

近几年，国外潮流发电技术发展较快，以大型水平轴和涵道式潮流发电装置最为成熟，个别发达国家(如英国、美国等)的水平轴潮流发电系统已出现规模化商业开发的趋势。大型潮流发电设备的商业化和产业化，将推动海洋可再生能源大规模开发利用产业的发展。据不完全统计，到目前为止世界上在建和规划建设的兆瓦级以上的大型潮流发电站已有 6 座。就未来的发展趋势来看，涡轮机大型化、应用规模化是潮流发电技术产业化的发展方向，也是中国潮流发电技术未来的发展方向。

4. 波浪能

由于波浪自身的特点，长期以来人们普遍认为波浪能无法实现大规模利用的可能。进入 21 世纪后，在政治经济因素和生态动力学因素的双重驱动下，国际上又开始重新审视距离人口居住密集区最近的波浪能的开发利用问题，波浪能发电技术发展迅速，模块化波浪能发电技术逐渐成熟。Pelamis 波浪发电技术、Power Buoy 波能浮标发电技术与 Wave Hub 水下集电技术的结合，奠定了大规模开发利用海洋波浪能的技术基础，使波浪能利用具备了产业化条件。

总体来说，波浪能技术目前仍未实现商业化。已建成并经过全比例试验的设备屈指可数。近年来，波浪能发电装置的单个模块及小型矩阵的中试已经展开，其进程有望在近 10 年内加快。由于仍处于技术发展初期，波浪能利用成本相对较高，但降低成本的潜力巨大。正在开展的海洋能加速计划和市场刺激试点计划等相关计划，都将有助于进一步降低成本，提高波浪能技术的市场竞争力。

开发最成熟的振荡浮体式发电设备是750千瓦的Pelamis波浪能衰减装置，这种设备在苏格兰试验后安装到葡萄牙，并作为一个商业化示范项目的配套部分销售了几套设备。其他接近商业化应用的振荡浮子式发电技术包括美国海洋能电力技术公司的Power Buoy，它是一个小型(40～250千瓦)垂直轴装置，目前已安装到美国夏威夷、新泽西以及西班牙北部海岸。此外，正在开发的振荡浮子式波能发电装置还有爱尔兰的Wavebob、WET-NZ，以及巴西的高压发电装置。丹麦研发的两个波浪发电装置Wave Dragon和Wave Plane样机已经布放到海上，并完成了试验。

5. 海洋温差能

目前全球只进行了少量的海洋温差能装置试验。1979年，美国曾试验过一个小型的“Mini-OTEC”试验电站。电站建于一艘浮式驳船上，利用装有每分钟28 200转向心式涡轮机的闭环式系统发电，工作介质为氨。尽管样机曾达到额定功率53千瓦，但由于泵体工作效率出现问题，输出净功率仅18千瓦。1980年建造的浮式海洋温差能设备(OTEC-1)利用了相同的闭环式系统，但是没使用涡轮机，其额定功率为1兆瓦。1981年，该设备运行了4个月，主要用于试验和示范，并研究了热交换机和水管问题。

1982年和1983年，瑙鲁共和国建设了一个120千瓦的试验电站，采用了以氟利昂作为工作介质的闭环式系统，其冷水管深度达580米。该设备运行了数月，并入电网并输出了峰值为31.5千瓦的电力。

1992年在夏威夷建成了一座开环式海洋温差能电站，于1993～1998年运行，电力峰值曾达到103千瓦，并可生产0.4升/秒的淡化海水。运行的问题主要有真空室排气、真空泵故障、发电机并网发电输出不稳定等。

1984年，印度设计了一个1兆瓦的以氨为介质的闭环式海洋温差能系统。该装置于2000年开始建造，但由于在长冷水管的布放过程中出现问题，最终没有完成。2005年在Tuticorin外海的同一驳船上进行了为期10天的试验，并在较浅的水域进行了海洋温差能海水淡化试验。截至21世纪初，日本共测试了多个海洋温差能电站。2006年Saga大学海洋能研究所建设了一个30千瓦混合式海洋温差能电站样机，利用水/氨混合作为工作流体，目前仍在持续发电。

在太平洋诸岛国、加勒比海诸岛国、中美洲及非洲国家等热带沿海国，大规模发展海洋温差能具有广阔市场前景。发展海洋温差能的基本前提是相关技术提供能源的成本达到了经济上的可行性。

6. 盐差能

盐差能发电还停留在概念设计阶段。目前有两个研究/示范计划正在进行，二者应用的是不同的技术概念。盐差发电系统的研究开发工作也将推动相关技术

(如海水淡化)的发展。

挪威正在进行盐差发电研究，其样机于2009年实现经营性运行，有望发展成为商业化盐差能电站。同时，在具有75年历史的荷兰Afsluitdijk堤坝改造工程中，反电渗析技术也有望得以应用。

7. 海洋风能

近20多年来，海洋风电发展迅速，并仍具较大发展潜力。欧盟已经提出到2020年海上风电开发达到1 800万千瓦的战略目标。随着技术发展、规模扩大，海洋风力发电的成本呈持续降低趋势。世界风能理事会的研究显示，风电成本的进一步下降，40%依赖于技术进步，60%取决于规模化发展。

海上风电开发技术装备瓶颈已经突破。虽然海上开发有许多特殊制约条件，如盐雾问题导致的防腐问题、地质条件复杂导致的施工困难，但海上风电设备的故障率低于陆上。各设备供应商大多对海上风电进行了长期的研究和实验，如丹麦的维斯塔斯对丹麦的海上风电进行了10多年的研究和开发积累。

投资大和成本高将是制约海上风电开发的主要因素。发电成本是海上风电发展的瓶颈。首先，海上风电的初期投资费用较高，特殊基础结构的建造和并网连接一般要占总投资的一半以上；其次，发电成本受单机容量和风电场规模影响，总装机容量在10万千瓦以上比较经济；最后，运行和维护费用高，在海上恶劣天气条件下停运设备降低了可用率，部件特殊处理和特殊装置安装增加了成本。

海洋风电技术国际标准体系逐步建立。欧盟委托欧洲风能协会制定风机发展的标准和认证体系，增加零部件的通用性和互换性，提高可靠性和稳定性。在发电装置规模化生产条件下，标准化可大幅降低生产成本。世界风能理事会估计，2020年海上风机的造价可以降低40%以上。

海上风机技术持续发展。海上风电机组呈现大型化的趋势，多选用高叶尖速设计参数，以减轻塔顶机舱和叶片的重量。碳纤维塑料在大型风机叶片制造中广泛应用。在海上风电机组基础安装中，单桩结构由于具有结构简单和安装方便的特点，成为海上风电机组最常用的基础结构。

海上风电场设计要求不断提高。近年来，海上风电项目从单台机组逐步发展为大中型风电场建设。海上风电场的设计包括机组的排列和风电场控制方式，对海上风电场的技术性和经济性至关重要。海上大型风电场并网方式一般采用多台风机并联后连接到换流器再并网，或采用带分散风机控制直接并网。随着海上风力发电量的不断增加，海上风电的输送和风电场动态稳定性对输电系统的要求不断提高。

(三)政策借鉴

近些年，一些发达国家由于重视海洋可再生能源的开发利用，海洋可再生能源的发展取得了快速发展，海洋可再生能源在能源消费结构中所占的比重逐年提高。这些国家关于激励和管理海洋可再生能源技术和产业发展的政策和措施，对研究我国海洋能开发利用与产业化的可行性具有很大的参考价值。国外开发利用可再生能源的发展经验主要有以下几条。

1. 立法推动产业发展

美国在《能源政策法案》中明确了内务部对海洋可再生能源建设工程的批租权，规定了联邦能源规划委员会为选址阶段的领导机构，确定了海洋能开发相关刺激措施，以及海洋能强制购买条款等。《联邦电力法案》规定了联邦能源规划委员会12海里的领海外部界线以内可航行水域的私人水电设施建设的审批权。《可再生能源标准》(*Renewable Portfolio Standards*，RPS)促进了美国海洋可再生能源的发展。RPS是一项州范围内的政策，要求在特定日期前，各供电部门由可再生能源发电的比例达到某一最低标准。目前已有20个多个州执行RPS政策。这些州的总电力供应占到全美的52%以上。

2. 明确阶段性发展目标

欧洲公布的《欧洲海洋能源路线图2010—2050》中指出，2050年，欧洲海洋能装机容量满足欧洲15%的能源需求(Eleanor，2011)。英国制定了《海洋能源行动计划2010》，提出到2050年，英国的海洋能装机容量足够供应目前全英国电力需求的1/5还多。爱尔兰制定了海洋能发展路线图，提出到2020年总装机量到50万千瓦。葡萄牙提出到2020年总装机量到55万千瓦。印度也制订了开发利用海洋可再生能源的阶段发展计划。

3. 多种途径强化政策激励

英国目前实施了全球最持久、最大和最综合的海洋可再生能源计划，建立完善了可再生能源义务证书制度(Marine Energy Group，2009)；英国和新西兰为海洋能装备提供补贴，并为海洋能发电提供定价担保；葡萄牙、爱尔兰等欧洲国家以"返税"形式为特定技术发电提供补贴；苏格兰政府在2008年引入了Saltire奖，为首个连续两年累计发电量达1 000亿千瓦时的设备研发者提供奖励；新西兰为海洋能发电提供定价担保。

4. 加强公共服务支持

为应对气候变化，欧盟实施了"碳税"，这对海洋可再生能源发展产生了积极的影响。由于"碳税"提高了常规能源发电成本，一些海上风电场的成本优势开始显现。欧盟已经决定建设环大西洋欧洲沿岸的海底电缆网，为海上风电的输送和调度提供基础设施保障，现在已经进入勘探设计阶段。在风能资源普查方面，欧盟在统一绘制风能资源图的基础上，启动了海上风能资源图绘制，强化了对海上风电发展的政策支持。欧盟在英国建立海洋能试验中心，为欧洲各国各类波浪能和海流能装置提供实验平台，降低了研发成本，加快了技术商业化进程。

二、我国海洋可再生能源产业发展现状

(一)产业需求

1. 缓解能源压力的有效途径

我国能源资源分布不平衡。绝大部分能源资源(尤其是煤炭、水力资源)储量在内陆省份，而能源需求主要来自于沿海经济发达地区，特别是长江三角洲、珠江三角洲等重要的产业聚集和人口稠密区，经济社会发展受能源供给制约的问题更为显著。煤炭、电力等能源的长距离输送都面临着高损耗、高成本等问题。据国网能源研究院预测，2030年中国电力需求将达到9.0万亿千瓦时，比2010年增加约5.9万亿千瓦时，所增加的电力需求大部分来自东部沿海地区。发展海洋可再生能源，将为缓解我国，特别是东部沿海地区能源供需矛盾提供有力的支撑，对我国以常规能源为主的沿海能源供给提供有益的补充，增强能源供给能力，优化能源结构。

2. 调整能源结构的迫切需要

我国沿海经济发达地区，由于火电为主的电力供给结构和汽车保有量的迅速增长，不仅面临沉重的碳减排压力，而且二氧化硫和氧氮化合物的大量排放对环境的不良影响更为突出。调整能源结构，发展可再生能源和清洁能源，已经成为沿海地区经济社会可持续发展的迫切要求。但是，由于受资源分布等因素的限制，我国的陆域可再生能源开发多集中在西部地区。同时，由于风电、太阳能等绝大部分可再生能源的能量密度较低，开发建设需占用较大面积土地，在沿海经济发达地区发展受到很大制约。相比较而言，海洋风能、潮汐能、波浪能等可再生能源的开发可以充分利用浅海、滩涂，节约宝贵的土地资源，对人类生产和生活的影响比较小。海洋电站(场)距离消费终端较近，虽然发电成本高于陆地的，但在输送成本方面具有明显优势。因此，在沿海地区发展可再生能源，比较现实的选择就是优先发展海洋可再生能源。

3. 加快海岛开发的必要保障

海洋开发离不开能源。在海岛开发与保护、大洋勘探与开发、海洋科学研究等方面，都需要独立于国家电网的充足而稳定的电力供应。而最可行的方法就是发展综合多能互补海洋能电力供应系统，向海上蕴藏丰富的风力、潮流、波浪、温差等海洋可再生能源寻求能源保障。我国所辖海域海岛众多。除少数较大岛屿建立(或接入)了区域电力系统外，绝大多数岛屿，特别是为数众多的无居民海岛尚未实现稳定的电力供应。对于很多岛屿，尤其是那些面积较小、距离大陆较远、电力需求量不大的岛屿，建立风能、太阳能、海洋能联合发电系统以及相应的电力储备系统，在经济上较铺设海底电缆接入区域电网更为可行。设置于海上

的各类海洋观测站、浮标等科学设备也都需要相应的能源供应装置。这都为发展海洋可再生能源开发提供了有利契机。

4. 培育新兴产业的战略选择

海洋可再生能源的开发热潮正在全球范围内蓬勃兴起。我国海洋可再生能源资源丰富，市场前景广阔。尽管目前开发利用规模比较小，但随着国家对可再生能源开发政策支持力度的不断加大，海洋可再生能源已经具备了规模化开发的条件，有可能成为未来投资的新热点。以海洋风电为例，如果到2020年我国海上风电装机达到欧洲2010年的规模350万千瓦，则仅风电场建设一项即需投资700亿元，并带动设备制造、建设安装、运营维护、智能电网等上下游产业发展，产业体系每年所产生增加值有可能过千亿元。同时，我国庞大的市场规模也将为有关企业积累技术、创造成本优势、创造有利条件，逐步形成我国海洋可再生能源产业的国际竞争力。因此，发展海洋可再生能源产业应成为我国发展海洋产业和先进制造业的战略选择。

(二)资源储量

1. 潮汐能

我国潮汐能平均功率为1.93亿千瓦，理论蕴藏量约为1.68万亿千瓦时。潮汐能富集地区主要集中在东海沿岸，以江苏、浙江、福建三省居多，浙江省最大，约5 699万千瓦，福建省平均功率密度最大，全省平均值约为3 276千瓦/平方千米。经调查，我国潮汐能最富集的港湾包括浙江省的钱塘江口、三门湾，福建省的兴化湾、三都澳、湄洲湾和乐清湾等。渤海、黄海沿岸潮汐能相对较小，南海沿岸为我国潮汐能最小的区域。另外，潮汐能技术开发量500千瓦的站址共有171个(褚同金，2005)。

2. 波浪能

我国波浪能蕴藏量约为0.77亿千瓦，资源相对富集的省份为广东省，其次为福建省、浙江省和海南省，山东省沿海波浪能资源也具有一定的开发利用价值，以上五省占全国总量的90%，除此之外，江苏、辽宁、河北、上海和广西等省份波浪能蕴藏量仅占全国的10%，且绝大部分地区功率密度较低，开发利用价值不大。

3. 潮流能

我国潮流能蕴藏量为0.83亿千瓦，从各省区沿岸的分布状况来看，浙江省沿岸最为丰富，约为519万千瓦，占到了全国潮流能资源总量的一半以上，主要集中于杭州湾口和舟山群岛海域，其他省份沿岸潮流能蕴藏量较少。

4. 海洋温差能

我国渤海、黄海、东海温差能蕴藏量较小，南海和台湾以东海区水深较深，表层温度高，蕴藏着巨大的温差能量。南海温差能为11.6泽焦[耳]，如果取能量补充周期为1 000年，理论温差能功率为3.67亿千瓦，主要的分布特点是：春季温差能蕴藏量较小，主要集中在中部，西沙群岛附近海域蕴藏量较大；夏秋两季蕴藏量丰富，主要集中在中部和东部水深较大的区域；冬季蕴藏量最小，整体分布比较均匀，东沙群岛附近海域由于暖水层厚度增加，温差能蕴藏最大。

5. 盐差能

我国沿海诸河盐差能蕴藏量很大，统计22条主要河流盐差能理论功率为1.13亿千瓦，主要分布在长江及长江以南，约占全国的94%，其中长江约占全国的68.22%。就行政区而言，上海市盐差能蕴藏量最大，其次是广东、福建、浙江；就海区而言，东海最大，占全国的75.01%，其次是南海、渤海、黄海。

6. 近海风能

我国近海海洋风能资源丰富，约9.80亿千瓦，但是分布很不均匀，以福建省最多，为2.11亿千瓦，占全国近海海洋风能蕴藏量的1/5；其次是江苏、山东、广东和浙江，都超过了1.00亿千瓦；其他省市近海风能蕴藏量主要在1 200万～7 600万千瓦，天津市近海海洋风能最少，仅218万千瓦。根据风功率密度及其变化，在全国近海有很多海洋风能资源较丰富、开发条件优越的地区。我国近海最优的风能资源区位于台湾海峡，年平均风功率密度超过400瓦/平方米，长江口以南的东海海域，南海的粤东以及粤西的上川岛附近海域，北部湾的海南岛以东海域以及山东半岛附近海域都是风能资源的丰富区，年平均风功率密度都在200瓦/平方米以上。

7. 小结

综上所述，我国的海洋可再生能源主要集中在南方各省市沿海区域。北方各省市中，除山东省在海洋风能上有较大蕴藏量外，其他各省市海洋可再生能源蕴藏量相对较小。浙江、福建两省沿海的海洋风能、潮汐能、潮流能、波浪能、盐差能等蕴藏量均位于我国沿海省市前列，属于海洋可再生能源蕴藏量大省。江苏省海洋风能资源蕴藏量在全国沿海省市位于前列，开发利用潜力较大，虽然潮汐能资源蕴藏量也较大，但其沿海地理环境原因导致开发难度较大；广东省在波浪能方面位于全国前列；我国盐差能资源主要集中在长江口，蕴藏量占到了全国的68%；我国温差能资源主要集中在南海海域，且蕴藏量相当巨大，但目前受客观条件限制，尚不能有效开发利用。

（三）技术和产业现状

20世纪60年代，我国开始发展海洋可再生能源技术。经过50多年的发展，我国海洋可再生能源的开发利用取得了很大的进步。目前，海洋风能已进入规模开发阶段，潮汐能发电技术基本成熟、实现商业化运行，潮汐能、波浪能、海流能、海洋温差能利用仅有实验设施，盐差能只进行过原理实验。

1. 潮汐能

我国运行发电潮汐电站有浙江江厦潮汐电站、海山潮汐电站等，总装机4 150千瓦(沈祖诒，1998)。其中规模最大的江厦潮汐试验电站，总装机容量3 900千瓦，代表了我国潮汐能发电技术的最高水平。我国自行设计制造的潮汐发电机组，能够抵御恶劣海洋环境的低水头大功率潮汐发电机组的设计和制造技术，基本达到了商业化程度。

2. 波浪能

我国的波浪能发电技术研究已有30多年的历史，先后研建了100千瓦振荡水柱式和30千瓦摆式波浪能发电试验电站，利用波浪能发电原理研制的海上导航灯标已形成商业化产品并对外出口。在“十一五”科技支撑计划支持下，我国启动了2项装机容量在百千瓦级的示范试验电站的研建工作。

3. 潮流(海流)能

受海流能的资源条件限制，我国主要进行的是潮流能的开发应用研究。自1982年开始，相关单位已先后研制试验了60瓦和1千瓦的垂直轴水轮机、1千瓦和10千瓦的平行轴水轮机。“八五”计划和“九五”计划期间，我国先后研制建成了70千瓦漂浮式和40千瓦坐底式两座垂直轴潮流实验电站(王忠和王传崑，2006)。在“十一五”科技支撑计划支持下，我国启动了一项百千瓦级垂直轴潮流能示范试验电站和小型水平轴潮流能示范电站的研建工作。经过30多年的发展，我国在潮流能转换与发电系统的设计与性能分析方法研究、关键技术和试验装置研发等方面取得了长足的进步，积累了一定的海试经验，在潮流能装置漂浮式和海底重力式固定技术方面得到示范验证并取得经验。

4. 海洋温差能

我国从20世纪80年代开始海洋温差能的开发研究。1985年，中国科学院广州能源研究所开始对“雾滴提升循环”装置进行研究。同时还对开式循环过程进行了实验室研究，建造了两座容量分别为10瓦和60瓦的试验台。目前，我国温差能技术仅完成了实验室原理试验，且研究多集中于系统循环方面，暂无成套的实验室设备。

5. 盐差能

我国盐差能实验室研究开始于1979年，并在1985年采用半渗透膜法开展了功率为0.9～1.2瓦的盐差能发电原理性实验，目前此项研究基本处于停滞状态。

6. 近海风能

2007年，新疆金风科技股份有限公司在渤海湾石油的钻井平台安装了一台风机，测试了海上风机的所有工序。2008年，中国第一个海上风电示范项目——上海东海大桥项目(10万千瓦)启动，2010年2月整体安装成功，6月并网运行。2009年11月，新疆金风科技股份有限公司投资30亿元在江苏大丰经济开发区建设海上风电产业基地项目，2010年形成生产能力。2013年12月，龙源20万千瓦海上风电项目在江苏大丰经济开发区开建。目前，通过技术引进和消化吸收，我国的海洋风电技术已基本成型，但在基础建设、并网接线、设备安装等方面的经验不足，建设和运营海上风电场的经验欠缺。

7. 海洋生物质能

我国生物质能在开发微藻方面具有较广阔的发展空间，亦有了一定基础。2008年12月，我国在深圳的海洋生物产业园启动了海洋微藻生物能源研发项目，主要是利用废气中的二氧化碳养殖硅藻，再利用硅藻油脂生产燃料。

(四)政策环境

我国政府重视发展海洋可再生能源，但海洋可再生能源产业总体仍都处在发展初期阶段。除海洋风能开发中引入市场机制外，绝大部分项目的开发是在国家和地方政策的资助下完成的。目前，实现一定经济效益的只有海洋风电和潮汐发电。总体来说，海洋可再生能源在能源结构中所占比例过小，在区域电力供给中发挥的作用微不足道。

近年来，国家制定了一系列的法律和规划来促进海洋可再生能源的发展。2009年修订的《中华人民共和国可再生能源法》明确将海洋能纳入可再生能源范畴，《国家海洋事业发展规划纲要》、《国家“十一五”海洋科学和技术发展规划纲要》、《全国科技兴海规划纲要(2008—2015年)》、《可再生能源中长期发展规划》均提出了要发展海洋可再生能源。

1. 对海洋能开发的政策支持

国家对海洋可再生能源的支持力度不断加大。财政部设立海洋可再生能源专项资金，重点支持以提高偏远海岛供电能力和解决无电人口用电问题为目的的独立电力系统示范，在海洋能资源丰富地区建设的海洋能大型并网电力系统示范、海洋能开发利用关键技术产业化示范、海洋能综合开发利用技术研究与试验以及海洋能开发利用标准及支撑服务体系建设等。

2010年，国家海洋局成立了海洋可再生能源开发利用管理中心，协助国家海洋局科技司和省级海洋行政主管部门承担起海洋能专项技术管理责任，对海洋能工程示范类、产业化示范类以及研究试验类项目进行管理，对我国海洋能的发展起到了加速器的作用。2010年，海洋可再生能源专项资金支持了“波浪能、潮流能海上试验与测试场建设论证及工程设计”项目，在山东省荣成市开展国家级波浪能、潮流能海上试验与测试场建设工作。国家波浪能、潮流能海上试验场能够满足波浪能、潮流能发电装置实际海况转换效率测试、环境适应性分析、可靠性验证及并网测试等方面的需求，节省海洋能装置实际海况试验前期调查与海上基础工程建设的经费与时间，极大地推动波浪能、潮流能开发利用技术与产业发展。

2. 对海洋风电开发的政策支持

我国于2008年完成并发布了《近海风电场工程规划报告编制办法》和《近海风电场工程预可行性研究报告编制办法》，2009年完成并发布了《海上风电场工程可研报告编制办法》和《海上风电场工程施工组织设计编制规定》，印发了《海上风电场工程规划工作大纲》。2010年1月，国家能源局在《2010年能源工作总体要求和任务》中称："2010年，要继续推进大型风电基地建设，特别是海上风电要开展起来。"2010年1月，国家能源局、国家海洋局联合下发《海上风电开发建设管理暂行办法》，规范海上风电建设；3月，工业和信息化部发布《风电设备制造行业准入标准》，提出"优先发展海上风电机组产业化"。

2011年以来，国家能源局启动了中国首轮海上风电首批特许权招标，并已经向辽宁、河北、天津、上海、山东、江苏、浙江、福建、广东、广西、海南等11省份有关部门下发通知，要求各地申报海上风电特许权招标项目。东部沿海地区的滩涂及近海具有开发风电的良好条件，其中江苏、浙江两省将成为我国海上风电的重点省份，两省近海风资源到2020年规划开发容量分别为700万千瓦和270万千瓦。此外，全国各地酝酿及在建的海上风电场还包括广东湛江、广东南澳、福建宁德、浙江岱山、浙江慈溪、浙江临海、山东长岛等。

(五)存在问题

40年来，我国海洋可再生能源的开发利用取得了一定的发展，尤其是改革开放以来，逐渐在海洋风电、潮汐发电技术研发和产业化方面积累了一些经验，具备了一定的开发利用规模，有了一支较为稳定的科技队伍。但与国外相比，在以下几方面还存在明显差距。

1. 发展目标和路径不明确

目前，我国尚未提出明确的海洋可再生能源发展规划，《可再生能源中长期发展规划》中对海洋可再生能源描述的篇幅甚少，只提出到2020年，建成潮汐电站10万千瓦，没有提出一个明确的发展路线图来指导我国海洋可再生能源产业的发展，在海洋可再生能源的资源调查、技术研发、装备制造和电站建设等方面没有制定完整、系统和明确的发展目标(国家发展和改革委员会，2012)。

2. 发展基础支撑不足

最突出的表现是对海洋能资源状况尚未完全摸清。"908"专项完成的调查只是对海洋能资源进行了"普查"，远不能满足建站选址需要。海洋能专项基金支持的近岸潮汐能、潮流能、波浪能的详查正在进行，但与工程开发利用要求还有一定的差距。对深远海区域的资源调查尚未启动。海洋可再生能源的评价方法研究基础薄弱，有关标准、规范亟待建立。

3. 研发力量相对薄弱

目前，我国海洋可再生能源的研发力量相对薄弱，缺少专门从事海洋能开发利用技术的研发机构和公共研发平台。仅有的少数从事相关技术研究的科技人员分布在大专院校、中国科学院、国家海洋局和地方科研院所，力量较为分散，没有形成合力。我国还没有针对海洋能发电设备的试验标准、技术标准和产品检测体系，制约了产业发展。我国波浪能和潮流能发电装置目前大都处于工程样机阶段，关键技术产业化前景有待检验。

4. 政策支持有待加强

我国对海洋可再生能源开发利用技术研究启动较早，几乎与欧、美等发达国家在同一时期起步，但目前我国大部分技术成果仅停留在样机阶段，产业发展与国际先进水平的差距正在拉大。这与我国对海洋可再生能源政策支持力度不足有关。海洋可再生能源产业具有高投入、高风险的特征，不仅在技术研发过程中要经过大量的实验室模拟和海试，还要在示范应用中经受考验和不断完善。我国除针对海洋能设立专项资金以外，还没有建立起与海洋能产业化发展相适应的激励配套政策和管理机制。企业参与难度大、风险高，推广规模受到限制，很难实现海洋能资源开发利用技术成果的转化和产业的形成。

三、海洋可再生能源技术发展趋势分析

（一）概述

目前，全球海洋可再生能源技术处于快速发展进程中，许多国家都已开展了海洋能系统研发。其中，英国在这方面的投入最大，在装置数量上也远远领先于其他国家。美国、加拿大、挪威、澳大利亚和丹麦也在研发很多相关系统。在装置开发方面，各国都在研发处于不同阶段的各式系统。

在已有的海洋能转换装置中，波浪能和潮流能系统明显多于其他类型系统，且波浪能系统数量多于潮流能系统。原因主要有两个方面：一方面，波浪能的潜在资源量远高于潮流能；另一方面，波浪能俘获方法多种多样，而潮流能系统大多集中在少数几种水轮机设计上。潮流能系统的数量比波浪能少可能是由于其技术简单，与风力发电所使用的技术和方法非常相似。总体而言，波浪能和潮流能是目前海洋能发电研发的重点。

相对潮流能系统而言，处于概念设计阶段的波浪能系统占比较少，大多数波浪能系统的开发部门已至少完成基本的波浪水槽测试阶段，也有大量系统完成了海上测试阶段。在潮流能系统中，更多的系统还处于概念设计阶段。然而，也有一部分系统处于海试阶段，数量与处于概念设计的数量差不多。目前，约有 6 个波浪能系统和 1 个潮流能系统已开发出 1∶1 比例样机，极有可能会发展到商业化应用阶段。

在海洋可再生能源技术商业化应用方面，以潮汐坝技术最为成熟，目前世界

上已经有数个装机容量百兆瓦级的潮汐能电站进入商业化运营，同时还有几个国家正在实施潮汐能发电项目，更多的海洋能技术正处于1∶1比例尺系统测试阶段；很多规模在1～3兆瓦的示范项目正处于准备安装阶段，尤其是波浪能和潮（海）流能技术。然而，大多数海洋温差能和盐差能技术仍处于研发阶段。总体来说，完成整个研发阶段并达到商业化应用的系统仅有少数几个，包括几个已在运行的潮汐坝电站，以及印度建成的用于海水淡化的海洋温差能电站。

各种海洋能发电系统的技术成熟度如图1所示。

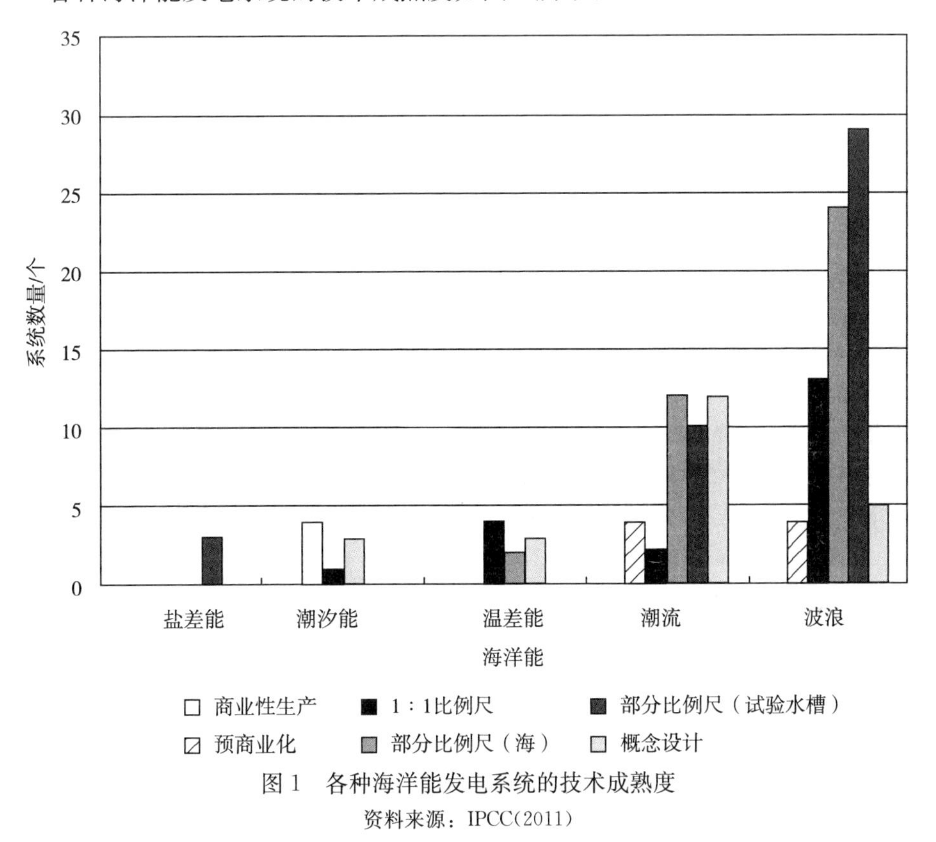

图1　各种海洋能发电系统的技术成熟度

资料来源：IPCC(2011)

(二)潮汐(潮流)能转换技术

潮汐坝电站已成为迄今为止最成功的海洋能发电设施，特别是朗斯潮汐电站和安纳波利斯潮汐电站已长期运行，累计发电量较大。世界各地正继续开展新的潮汐电站建设，特别是韩国。与传统潮汐电站技术相比，潮汐延迟(tidal relay)和离岸潮汐泻湖等技术模式对环境更友好。在不久的将来，潮汐电站很可能仍将是海洋能发电的主体。

潮流能有很好的发展前景，尤其在目前潮流能处于发展的初期阶段，新研发的系统可用于所有高能海域。水平轴式水轮机中，MCT SeaFlow 和 Hammerfest 水轮机都开展了 300 千瓦样机试验，后者已经并网供电。MCT SeaGen 已经完成建造阶段，一个 1∶1 比例的前商业化机组已经得到应用。Clean Current 系统、Open-Centre 系统和 Tocardo 系统都经过了样机海试，Underwater Electric Kite 和 Verdant Power 水轮机也正在进行测试。Evopod、SRTT 和 TidEl 正在进行大比例样机测试，可能会在不久的将来实现样机应用。Enermar Kobold 水轮机是垂直轴水轮机中较先进的设备，具有 1∶1 比例并网样机，并已实现发电。中国也已开展了垂直轴水轮机的各种设计，像 Hydroventuri 这类的非传统型设备也已进入海试阶段。其他垂直轴水轮机系统，包括 Davis 水轮机、EnCurrent 水轮机和 Gorlov Helical 水轮机都已经过实验室或海上测试。总的来说，这些技术代表着当前潮流能技术发展的最新模式。

（三）波浪能转换技术

波浪能转换装置种类很多。一些波浪发电系统运用了空气透平技术，如 Pico 振荡水柱式波浪能发电技术电站和 Islay Limpet 500 电站，均已经过长期并网发电运行；还有一些装置经过了海试，如澳大利亚 Oceanlinx/Energetech 振荡水柱式波浪能发电技术、印度的 Vizhinjam 振荡水柱式波浪能发电技术、中国科学院广州能源研究所的振荡水柱式波浪能发电技术系统和日本开发的振荡水柱式波浪能发电技术系统等。这些系统都属于近岸或岸基应用的类型。几个离岸振荡水柱式波浪能发电技术系统都处在大比例样机试验阶段，包括 Sperboy、MRC 1000、OE 浮子和 OWEL“Grampus”等，还有各种基于振荡水柱式波浪能发电技术的系统也处于早期开发阶段。

在线性发电机系统中，阿基米德波浪摆已在海上试过一个样机，目前正在进行下一步研发工作。俄勒冈州立大学的研究人员一直在研发小比例的线性发电机技术以及点吸收式浮标。Trident Energy Converter 也处于小比例系统测试阶段。其他的几个系统目前也都处在发展的早期阶段。

许多海洋能装置都没有明确的动力输出机制。美国海洋能电力技术公司的 Power Buoy 系统技术比较先进，有两个 40 千瓦的装置正进行海上应用，并计划再安装几个。另外两个漂浮式浮子（Manchester Bobber 和 WET-NZ 波浪能装置）都进行过大比例样机测试。许多其他的设计，如 Syncwave 设备仍都处于起步阶段。

大量波浪能设备都使用加压液压式动力输出，最成功的要数 Pelamis 号。目前，在葡萄牙沿海布放的由三个 Pelamis 号设备组成的波浪能场正在运行。也有一些其他设备已完成海上大比例样机测试，包括 McCabe Wave Pump、以色列 SDE 公司岸基波浪吸收装置、中国科学院广州能源研究所岸基振荡浮子、欧盟

FO[3] 可持续高效波浪能转换装置项目、希腊波浪能点吸收式装置、Wave Star 和 WaveRoller 等。Wave Star 已经可以并网发电，而希腊波浪能点吸收式装置和 McCabe Wave Pump 仅进行了加压海水输送试验。AquaBuOY 和 Wavebob 系统已完成了样机测试。包括 Duck 在内的大量装置仍处在开发阶段，尚未进行 1∶1 比例样机试验。

大多数使用水轮机作为动力输出的波浪能装置都是基于收缩波道(越浪)式设计，当然，也有一些其他方法。Wave Dragon 就是这一类中具有代表性的设备，它作为综合试验样机已应用到海上，并已与当地电网并网发电。WaveRotor 在大比例样机海测期间，就已并网运行。处于发展初期阶段的设备包括 Seawave Slot-Cone 发电机和 WavePlane。

(四)海洋温差能、海洋盐差能转换技术

海洋温差能转换已经建设了几个示范电站，美国和日本的相关技术已证明其发电的可行性，而印度研制的装置已能提供大量淡水。虽然海洋温差能技术在像太平洋西北部海域这样的海表温度不高的地区应用的潜力有限，但像加热、冷却和海水淡化等其他用途仍可以利用这一技术。

海洋盐差能目前仍然处于早期发展阶段，而缓压透析技术具有一定发展潜力，如膜技术能够取得重大进展，那么该技术将极有可能得到大规模应用。

四、海洋可再生能源产业发展影响因素分析

进入 21 世纪以来，海洋可再生能源逐渐引起重视，一些国家已经提出不具约束力的海洋能装机容量目标和时间表。英国政府的目标是到 2020 年达到 2 吉瓦，加拿大、美国、葡萄牙和爱尔兰也正在制定类似的装机目标时间表。同时，由于大多数海洋资源丰富的国家尚未摸清其海洋资源储量，当然也就不能确定装机目标。而且，即使是那些已经确定了海洋能装机目标的国家，其目标也不具有强制力。作为新兴的能源产业，海洋可再生能源产业发展面临着许多挑战。影响海洋可再生能源产业发展的主要因素包括以下几个方面。

(一)可开发资源储量

尽管海洋能资源可开发储量评估还处于初级阶段，但从全球范围来看，技术可开发储量不会成为海洋能应用的限制因素。据预测，海洋温差能可能是拥有最大技术可开发储量的海洋能资源，但即使不将海洋温差能计算在内，海洋能的技术可开发储量也可达 1.9 万亿千瓦时/年。海洋能资源存在地域性差别。例如，波浪能主要分布在全球沿岸海域，但在某些靠近人口聚集区的中纬度海域，虽然波浪能开发条件好(如季节性变化较小、波能充足、靠近电力负荷中心等)，但区域性海洋深度开发、竞争性用海等因素也会阻碍波浪能的规模化开发。同样，海

域使用的排他性也会影响潮汐能、潮流能和海流能在某些区域的大规模开发。而海洋温差能和盐差能在全球的分布不很均衡，使其应用受到限制。

(二)资源的区域性分布特点

海洋可再生能源能否得到大规模的应用，在一定程度上取决于海洋可再生能源丰富的地区对海洋能源的需求。北大西洋、北太平洋以及大洋洲沿岸国家正在积极研发波浪能和潮汐能技术，由政府资助支持海洋能研发及应用，并制订积极的政策激励机制以鼓励各种预研计划。热带岛国具有发展海洋温差能的优势，而潮流能、海流能和盐差能将主要在资源质量高的区域率先得到规模化开发。当然，随着技术日渐成熟，将会有越来越多的地点适合建站。总之，技术潜力不会成为海洋能应用的主要障碍，资源特点将成为各地因地制宜选择适用技术发展海洋能的决定性因素。

(三)关联产业发展水平

波浪能、潮流能以及其他海洋能技术要实现经济有效运行，需要足够规模的运行和维护基础设施。由于不同海洋能技术设备装卸方式不同，需要不同类型的支持母船。除非海洋能得到大规模应用，否则缺乏基础设施的支持将成为产业成长的主要障碍。学习借鉴海上风电业的发展经验，将有助于海洋能产业在大规模发展前解决好基础设施(布放船、锚系设备、电力输出等)需求问题。

(四)技术可行性和经济性

海洋可再生能源的发电成本是其能否实现商业化的关键性因素。目前，商业市场尚未形成对海洋能技术发展的推动力。多数技术开发和应用的主要动力来自各国政府的专项支持和激励政策。除潮汐能外，其他海洋能技术目前都还处于概念设计、研发、前商业化样机和示范等阶段。联合国政府间气候变化专门委员会在2011年编写的《海洋能——可再生能源和减缓气候变化特别报告》中对部分海洋能发电成本进行了评估(图2)。

技术进步将降低成本、提高效率、降低运行和维护要求、提高利用率，这将使适合建站的区域逐渐向远海推进，并使利用劣质资源发电成为可能。技术提高的同时，海洋能技术的发电成本值也将下降。可以预见，未来随着海洋可再生能源技术的不断成熟，以及装机容量扩大带来的规模经济，将推动有关技术成本的持续降低。技术进步带来的成本降低能否促进海洋能的大规模应用，对于实现海洋能应用远期目标，是最关键的不确定因素。

(五)并网和输电技术

海洋能进行并网发电首先要认清不同资源的发电特点，不同资源类型的海洋能对大规模并网有不同的要求，对输电功率的要求也不尽相同。为有效管理海洋能大规模应用电力输出的可变性，需要从技术和制度层面制订与风电和光伏发电

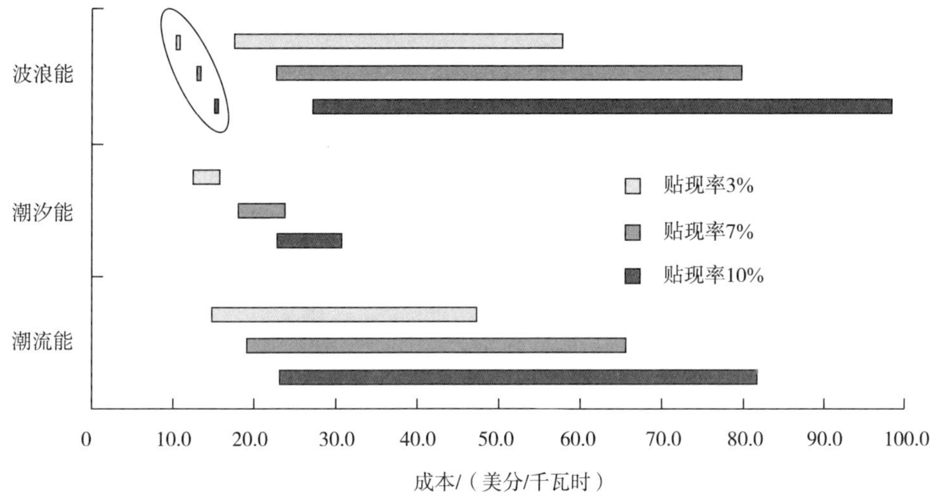

图 2 波浪能、潮汐能和潮流能技术的发电成本

资料来源：IPCC(2011)

类似的解决方案。具体来说，就是提高预报能力，增强系统整体弹性，建立并网标准，摸清需求弹性以及能量存储等。海洋能发电的其他技术特性与基荷或调峰火力发电机相似，因此，除建设新的输电设施外，不必担心运行问题。

(六)社会和环境影响

随着海洋能发电项目实际应用的迅速发展，我们必须加强对相关社会和环境影响的重视。在项目启动前就需要进行环境影响评估，完成风险分析，制定应对措施。竞争性用海可能会影响到理想站点海域的可用性，环境和生态因素也会影响站点位置选择。因此，如何处理好保持海域使用现状、保护海洋生态与发展海洋能之间的关系，对有关各国来说十分重要。一些具有高度“环境可逆性”的海洋能技术将具有更好的发展前景，但是在海洋能应用初期，还无法确定社会和环境因素对海洋能发展的最终制约程度。

五、海洋可再生能源产业的发展路径

(一)发展目标

1. 总目标

强化政策激励和市场引导，以需求牵引技术攻关，掌握海洋可再生能资源开发利用的关键技术，实现商业化和规模化运营，形成比较完善的能源开发和技术装备研发生产体系和服务体系，使海洋可再生能源在海岛能源供应中发挥重要作用，在沿海清洁能源供应中发挥重要补充作用。

2. 阶段目标

1)“十二五”：2015年以前

培育以企业为主体的海洋可再生能源技术创新体系。到2015年，完成近海海洋可再生能源资源重点区域的详查和评估；突破近岸百千瓦级波浪能、潮流能发电关键技术，研建一批多能互补示范电站，开展兆瓦级潮流能和波浪能电站的并网示范运行；发展环境友好型潮汐电站关键技术，开工建设万千瓦级潮汐能电站；开展温差能发电装置研发；开展特许权招投标、配额制、电价、制造补贴等政策研究；完善海洋能公共支撑平台。

2)“十三五”：2016～2020年

形成以企业为主体的海洋可再生能源技术创新体系。到2020年，开展深远海可再生能源资源的普查和评估；实现近岸百千瓦级波浪能和潮流能发电装置的产业化和海洋风电规模化生产；海岛多能互补电站可靠运行；实现百万千瓦级海上风电的并网；建成兆瓦级潮流能、波浪能发电装置海上试验场。海洋能产业初具规模，完善海洋能公共服务体系；完成特许权、配额、电价、制造补贴等政策的研究和制定工作。

3)远景展望：2030年

到2030年，海洋可再生能源成为能源供应体系中的重要补充。海洋可再生能源并网达到100万千瓦，离岸风电并网1 000万千瓦。

(二)发展路径

到2015年，以技术研发、储备为发展重点，以科研机构和大学为主要资助对象，吸收部分企业参与基础研发和应用技术开发。到2020年，以产学研相结合的科技成果转化为发展重点，主要进行大规模工程示范，带动技术产业化，培育相关市场，以企业为主要资助对象，资助重点是装备的设计与制造。到2030年，以推进规模化商业应用为重点，通过建立比较完善的激励保障政策体系，扩大产业规模、优化产业结构，形成战略性产业，具体如图3所示。

(三)阶段重点任务

1.“十二五”期间：2015年以前

(1)继续开展海洋能资源勘查。在我国海洋能资源普查基础上，选择海洋能资源富集区作为重点开发区，查清重点开发利用区的海洋能资源的蕴藏状况和时空分布规律，作为海洋能开发利用的备选海域。

(2)加快海洋能技术研发。突破环境友好型、低水头潮汐发电技术；提高离岸式海上风机生产技术水平；开展100千瓦级波浪能发电装置和500千瓦级水平轴潮流能发电系统研制；开展温差能综合利用技术研究。

(3)开展海洋能开发利用示范。启动海岛多能互补独立电站示范建设，探索

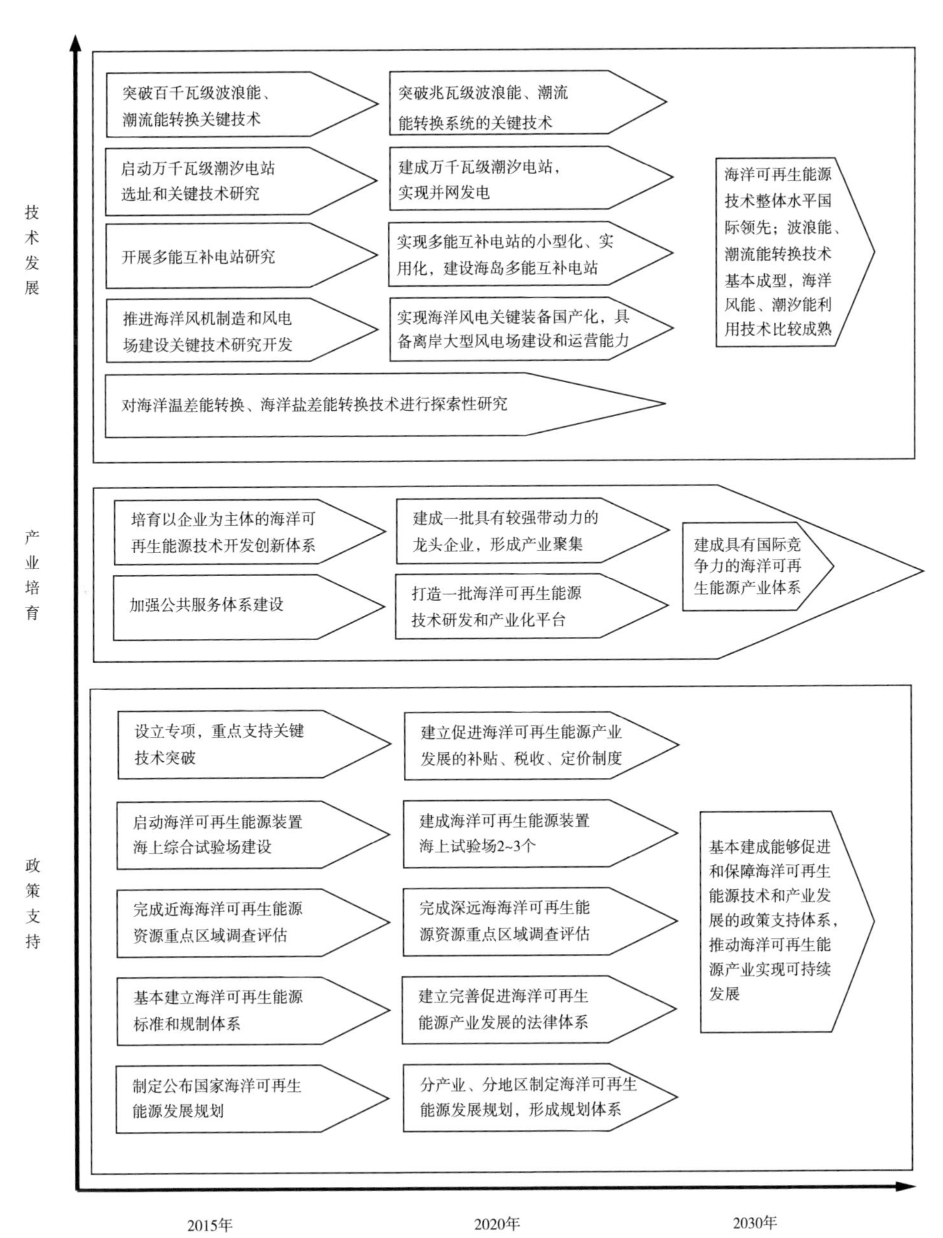

图 3　我国海洋可再生能源发展路径

建设管理模式；启动潮流能、波浪能示范电站建设。

（4）加快公共支撑平台建设。建立海洋能装置评估检测中心，成立中国海洋能行业协会，推动建立以企业为主体的海洋能技术创新体系。

2."十三五"期间：2016～2020年

(1)完成海洋能资源勘查。完成我国近海海洋可再生能源的详细调查、评估、选划研究，确定海洋能资源优先开发利用区域，建设近海海洋能资源开发利用信息服务平台；开展深远海海洋能资源调查与评估。

(2)推动海洋能技术产业化。推动百千瓦级海洋能发电装置产业化生产，基本突破近岸海洋能开发利用技术。

(3)加快海洋能开发利用示范。继续开展海岛多能互补独立电站示范工程建设，以及兆瓦级波浪能、潮流能发电站场建设；扩大海上风电并网规模，建设100万千瓦海上风力发电场。

(4)加强公共支撑平台建设。完成近岸海洋能海上试验场建设，围绕核心技术和关键领域建设海洋能研发团队，提高人才支撑水平。

六、政策建议

(一)完善政策支持体系

(1)增强自主创新能力。由国家海洋局牵头，成立全国性的海洋能战略协调小组，为海洋能的发展制定详尽的路线图；设立海洋可再生能源开发利用重大科研项目，开展技术攻关；加大海洋可再生能源开发利用专项资金投入力度，力争实现重大技术突破；创建海洋可再生能源开发利用技术创新平台，构建以市场为导向的创新机制；积极开展海洋可再生能源开发利用的国际技术交流与合作。

(2)积极推进产业化。在无居民海岛开发等领域实行海洋可再生能源开发利用特殊投资优惠政策，探索将海岛开发使用权的招拍与海岛海洋能开发利用相结合；针对海洋能可再生能源发电，在原有可再生能源电价补贴的基础之上，将电价补贴额度提升50%；对企业投资的海上可再生能源项目优先给予政策性贷款安排；对海洋可再生能源项目中所涉及的进口设备给予税收优惠，海洋可再生能源设备出口企业享受国家高新技术企业的优惠待遇。

(3)高度重视风险防范。完善海洋可再生能源开发利用的技术标准体系；建立健全海洋可再生能源项目风险评估体系，提高风险防范能力；实行海洋可再生能源项目投资担保，分散项目风险；严格海洋可再生能源项目审批，避免行业无序发展。

(二)科学确定重点发展领域

(1)大力发展海洋风电。我国海上风能资源状况好、技术相对成熟、距离终端用户近，海洋风电经济效益和环境效益相对较高、不占耕地、生态影响小，能够较明显地缓解东南沿海地区的用电紧张局面，还可以带动相关产业的发展，促进战略性新兴产业形成。海洋风能发电应该成为当前我国海洋可再生能源开发利用的重点。要加大资金投入，集中研究力量攻克关键技术难题，促进技术装备国产化，为产业更大发展夯实基础。

(2)积极发展潮流能、波浪能发电。目前，世界潮流发电和波浪发电正处于从科学试验向产业化开发转变的过程中。发展潮流发电的最大困难在于缺少多机组、规模化电站建设和运行的经验，而波浪发电的主要问题是发电装置的安全性能和能量利用效率偏低，当前潮流发电和波浪发电都存在发电成本过高的问题，但随着技术快速发展和商业实践经验积累，潮流发电和波浪发电商业化、规模化发展趋势已经明朗。我国应采取积极的研发先导政策，通过研发抢占技术制高点，通过国家产业化示范的方式，在国内选取能源资源条件较好的海域，尝试进行并网发电，为将来规模化建设、市场化经营和产业化发展积累经验。

(3)稳步发展潮汐发电。我国在潮汐能开发上已经有较好的基础和丰富的经验，潮汐能发电不仅在技术上是成熟的，在经济上也具有很强的竞争性。我国潮汐发电的主要不足如下：一是我国潮汐能存在装机容量小、单位造价高于水电站、水轮发电机组尚未实现标准化定型；二是经济因素的影响，潮汐电站需要建设围堰和水库，土建投资成本较大，成本回收期较长，不确定因素较多；三是潮汐电站改变潮差和潮流，容易出现泥沙淤积、改变生物栖息地环境等不利影响。从生态和可持续发展及综合利用的角度考虑，结合我国海洋潮汐能资源的分布特点，我国在潮汐能发电方面应采取谨慎的态度，适度发展中型潮汐电站。

(三)大力发展相关装备制造业

(1)扶持龙头企业培育产业聚集。海洋可再生能源装备制造业具有成套性要求高、技术复杂、生产难度大的特点，对于有条件的企业应该积极引导和扶持其组建大的企业集团，通过实施企业战略重组，向核心业务上下游延伸。在海洋可再生能源发展初期，应选择具有良好发展前景的海洋风电、潮汐、潮流、波浪发电设备制造企业作为扶持重点，通过政策倾斜促进龙头企业发展壮大。以龙头企业为核心发展海洋可再生能源装备制造产业集群，打造海洋可再生能源装备制造产业基地。

(2)大力支持中小企业发展。海洋能装备制造业体系构成复杂、产业链长、中间环节多，这要求在发展龙头骨干企业的同时，必须适度发展中小型企业，通过龙头企业与中小企业的相互支持与配合以及战略联盟等形式，提升海洋能装备制造产业整体竞争力。龙头企业提供核心技术与主机，中小企业提供零部件、元器件、中间材料等，彼此分工与协作，实现双赢式发展。

(3)把风电装备制造作为近期发展重点。风电是我国近年来能源发展增长速度最快的行业，国际风电设备制造已出现由发达国家垄断向我国迁移的端倪。我国基本上已掌握了陆地风电设备制造技术，但海洋风电的核心技术和关键部件仍由国外控制。因此，我国要加大研发力度，组建跨部门、多组织参与的重大科研项目攻关团队，力争在3～5年时间内取得关键技术突破，以具有自主知识产权的先进技术引领产业发展；要通过政府财政、税收以及补助津贴等系列优惠政策吸引社会投资主体进军海洋风电产业；要加强国家、地方、行业三方协调，解决海上风电场建设和电力输出与国家电网的匹配衔接问题。

(四)搞好示范推广

(1)依托重大项目建设试验基地。为了支持海洋可再生能源开发利用技术研究，国家科技支撑计划中设立了“海洋能开发利用关键技术研究与示范”重点项目。下一步，可依托重点项目建设试验基地，筹建“海洋资源及海洋能开发利用国家实验室”，逐步建成我国海洋资源和海洋能开发利用研究基地、人才培养基地和技术转化中心，力争使我国的海洋资源和海洋能综合利用技术达到国际先进水平，在经济和社会发展中发挥重要作用。

(2)实施示范工程推进产业化进程。建立海岛自然能源多能互补综合利用示范工程，解决海岛能源供应问题。在远离大陆、没有电网供应、海洋可再生能源资源丰富的海岛建设海岛可再生能源多能互补独立示范电站，通过选择波浪能、海流能、潮汐能与海岛风能互补的建站方式，建设海岛多能互补独立示范电站。满足海岛居民基本电力需求，探索海岛电力系统建设新模式，保护海洋资源和生态环境。通过海洋可再生能源开发利用示范工程的运行，以点带面，稳步推进，使海洋可再生能源开发利用向更广、更深的领域不断拓展。

(3)强化公共服务加快技术推广。发挥政府在海洋可再生能源技术推广示范中的作用，加强对产业发展的组织和引导。建立海洋可再生能源信息库，尽快实现信息共享。促进产学研合作交流，组建跨地区的海洋可再生能源产学研战略联盟，建立以企业和科研机构为主体、市场为导向，产学研相结合的技术创新体系。

(五)加快技术标准和法规建设

(1)建立健全技术标准体系。技术标准对于推动海洋可再生能源发展，规范行业行为、保证行业安全、维护行业秩序具有重要作用。加快建立海洋可再生能源的行业技术标准制定迫在眉睫。目前，我国海洋可再生能源的技术标准正在制定过程中，有关体系仍很不完善。主管部门应组织力量加强海洋可再生能源标准的制定，包括：海洋可再生能源基础资源调查与评价标准、海洋电站勘察与环境评价标准、海洋能开发利用技术评价标准、海洋电站建设施工评价标准、海洋发电装置设计标准、电站维护与管理等。同时，也要推动海洋能装备制造行业标准体系的完善。

(2)加快制定有关法律法规。《中华人民共和国可再生能源法》(2006年颁布，2009年修订)，以及先后制定实施的《可再生能源产业发展指导目录》、《可再生能源发电价格和费用分摊管理试行办法》、《可再生能源发电有关管理规定》、《可再生能源发展专项资金管理暂行办法》等系列文件为海洋可再生能源法律体系建设奠定了良好基础。下一步，可根据上述法规，结合海洋可再生能源特点制定《海洋可再生能源开发利用条例》，规范和促进海洋可再生能源产业的健康发展。

参考文献

褚同金．2005．海洋能资源开发利用[M]．北京：化学工业出版社．

国家发展和改革委员会．2012．可再生能源发展“十二五”规划[R]．

李允武．2008．海洋能源开发[M]．北京：海洋出版社．

沈祖诒．1998．潮汐电站[M]．北京：中国电力出版社．

王传崑，卢苇．2009．海洋能资源分析方法及储量评估[M]．北京：海洋出版社．

王忠，王传崑．2006．我国海洋能开发利用情况分析[J]．海洋环境科学，25(4)：78-80.

游亚戈．2008．我国海洋能产业状况[J]．高科技与产业化，7：38-41.

张军，李小春．2008．国际能源战略与新能源技术进展[M]．北京：科学出版社．

赵世明，刘富铀，张俊海，等．2008．我国海洋能开发利用发展战略研究的基本思路[J]．海洋技术，27(3)：80-83.

中国能源中长期发展战略研究项目组．2011．中国能源中长期(2030、2050)发展战略研究：可再生能源卷[M]．北京：科学出版社．

Aotearoa Wave and Tidal Energy Association(AWATEA). 2008. Marine energy supply chain: 2008 directory [R]. Aotearoa Wave and Tidal Energy Association, Wellington, New Zealand.

European Ocean Energy Association (EOEA). 2010. Oceans of energy: European ocean energy roadmap 2010-2050[R]. European Ocean Energy Association, Brussels, Belgium.

International Energy Agency(IEA). 2009. World energy outlook 2009[R]. International Energy Agency, Paris, France.

International Energy Agency(IEA). 2010. Energy technology perspectives 2010. Scenarios and strategies to 2050[R]. International Energy Agency, Paris, France.

Intergovernmental Panel on Climate Change(IPCC). 2011. Special report on renewable energy sources and climate change mitigation-ocean energy[R].

Marine Energy Group (MEG). 2009. Marine energy road map[R]. Marine Energy Group, Forum for Renewable Energy Development in Scotland (FREDS), Edinburgh, Scotland.

Renewable UK. 2010. Channelling the energy: a way forward for the UK Wave & Tidal Industry Towards 2020 [R]. Renewable UK, London, UK.

专题报告五　绿色船舶产业*

一、绿色船舶产业发展现状

（一）绿色船舶的基本概念与范畴

所谓“绿色船舶”是指通过采用先进技术，把“使用功能和性能的要求”与“节约资源与保护环境的要求”紧密地结合起来，使船舶在设计、制造、使用与拆解的全寿命周期中，体现节省资源和能源的原则，减少或消除环境污染，保障生产者和使用者健康安全和友好舒适的新技术船舶。“绿色”技术思想赋予船舶总体、动力和其他配套设备技术以新的高技术内涵，引领着船舶技术的一场革命，必将在激烈的国际市场竞争中淘汰一批低效船厂、配套设备厂与工艺技术，发展成一个新兴的船舶总装与配套产业。

（二）国外绿色船舶产业发展现状

为了更好地应对日益严格的环保要求，更加积极主动地应对未来船舶市场需求，以日本、欧洲、韩国为代表的世界各主要造船国家和地区均推出了相应的支持政策措施，各大船舶研究机构、先进造船企业以及相关机构都在加大研发力度，不断推出满足绿色船舶要求的新技术、新船型等。

1. 日本

日本作为老牌造船大国，已经将绿色环保船舶技术作为其今后的战略重点，运用这一领域的技术优势来提高产业门槛，增强国际市场竞争力。为了推进绿色环保船舶技术研发，日本国土交通省通过制定研发项目目录、提供资金支持等多种方式对造船企业提供支持。目前，日本政府及各大造船企业普遍加大了绿色环保船舶技术的研发力度，掀起一轮绿色环保船舶技术研发热潮。日本邮船（NYK，2009）正在联合芬兰ELOMATIC公司、意大利Garroni公司开发一种名

* 本报告执笔人：王传荣、曾晓光、郑礼建、徐晓丽。

为“NYK 2030”①的超级生态环保概念船(图 1)，这种可载运 8 000 个标准集装箱的集装箱船将通过综合应用多种节能减排技术，实现比目前同等运载能力船舶减少 69%二氧化碳排放量的目标。

图 1 “NYK 2030”概念图

日本商船三井(Mitsui OSK Lines)开发的新概念汽车滚装船“维新-1”(ISHIN-1)，通过在上层甲板上安装太阳能板、采用电力推进系统，以及安装大量充电式锂电池等，实现船舶靠港时零排放，航行时降低 50%二氧化碳排放量的目标。日本三菱重工建造的全球首艘以太阳能为部分动力的大型汽车运输船“御夫座领袖”号(Auriga Leader)取得试航成功。

2. 欧洲

尽管欧洲三大造船指标已经全面下滑，但凭借其强大的技术优势，欧洲在世界船舶工业中仍处于领先地位。究其原因，是欧洲造船业始终坚持技术引领的发展战略，始终将关注重点放在科技开发上。在欧盟委员会的推动下，欧洲先后出台了一系列船舶技术研发政策，并开展了大量研发项目。

欧盟于 2013 年推出的 Leadership 2020 再次提出“优先发展知识型和创新型经济(智慧型增长)，追求资源高效、绿色竞争型经济(稳定型增长)，促进欧洲船舶及相关产业可持续发展”的原则。欧盟投资 8 000 万欧元开展了高效超低排放船用柴油机研发项目(Hercules)；挪威船级社(Det Norske Veritas，DNV)计划投入 1 875 万欧元开展 FellowShip 船舶燃料电池项目。此外，挪威船级社推出了“Quantum”(图 2)新型绿色、节能集装箱船概念设计，采用燃油和液化天然气(liquefied natural gas，LNG)双燃料发动机，具有低能耗、低运营成本、低排放、高载货量等特点(Det Norske Veritas，2010)。

① NYK：Nippon Yusen Kabushiki Kaisha，即日本邮船株式会社。

图 2 挪威船级社新概念集装箱船“Quantum”

3. 韩国

韩国政府先后发布了《新增长动力规划及发展战略》、《绿色能源技术开发战略路线图》以及《绿色增长国家战略及五年计划》等文件，构建了韩国“绿色增长战略”框架，其中绿色船舶产业就是其中一个重要的新的增长点。在绿色船舶技术全球化的背景下，为巩固市场地位，进而抢占更大市场，韩国造船企业纷纷开展绿色环保船舶相关技术研发。

三星重工有限公司 2010 年宣布将开发环境友好船舶，实现温室气体减排 30%，满足 2015 年及以后建造船舶的需求。大宇造船与海洋工程公司与德国船用柴油机生产商 MAN Diesel 合作研发适用于 MAN 公司 ME-GI 型低速柴油机的低温高压天然气供应系统。STX(system technology excellence)启动“绿色之梦”研发项目(图 3)，已完成新一代生态船舶(Green Dream Project ECO-Ship)设计，该生态船舶可大幅降低有害气体排放，并同时节省可观燃料费(STX，2009)。

(三)我国绿色船舶产业发展现状

近年来，我国船舶工业的发展不断提速，船舶设计和建造水平与造船先进国家差距逐步缩小。但在绿色船舶研发方面，由于我国船舶工业起步较晚，船体优化设计缺乏核心技术，在一定程度上制约了我国船舶工业自主创新进度和效果。不过，我国船舶工业界已经意识到绿色船舶是未来世界造船业竞争的重点，正积极组织开展相关船型及技术的研发，中国造船业已经步入了绿色环保的发展

图 3 STX“绿色之梦”研发项目

之路。

我国在绿色环保船型开发方面也取得了一定的成绩，如大连船舶重工集团有限公司开发的 11 万载重吨阿芙拉型成品油船，其新船能效设计指数(energy efficiency design index for new ship，EEDI)低于丹麦提出的基线值的 6.16%，低于中国提出的基线值 9.64%，具有很强的超前性；上海船厂推出的 4 600 标准箱集装箱船，采用宽体和无压载水设计，具有重箱装载率高、装载灵活、零压载水等特点，并实现了实船建造；上海外高桥集团有限公司推出的 17.5 万载重吨绿色环保型散货船深受市场好评，并承接了大量订单。

二、绿色船舶产业战略布局及发展重点

(一)产业战略布局

1. 发展思路

依据我国经济社会发展的重大需求及国际船舶科技发展的规律和趋势，2030 年我国绿色船舶产业发展的发展思路为：推动原始创新、打造主导品牌。以发展“绿色设计技术”和“绿色配套技术”为两个着力点，集中力量攻克“绿色”船型、动力、配套设备技术，发展相应的研发制造能力，实现船舶工业发展方式的升级与转型。

2. 发展目标

到 2015 年，缩小与先进船舶工业国家在绿色船舶技术方面的差距，掌握绿色船舶装备的部分关键技术；初步形成绿色船舶及装备研发体系。

到2020年，具备全面的绿色船舶装备自主研发设计能力；掌握绿色船舶及关键配套装备的核心技术，形成完整的绿色船舶研发体系。

到2030年，绿色船舶装备技术达到世界领先水平，引领世界绿色船舶产业的发展方向。

(二)绿色船舶产业发展重点

1. 超级生态运载装备重大工程项目

以国际主流趋势和先进技术为发展方向，集中力量攻克超级生态运载装备相关的船型设计技术、节能降耗动力技术、环保高效配套设备等核心技术，逐步形成超级生态运载装备自主设计制造能力，为提高我国船舶工业国际竞争力、培育绿色船舶产业、实现船舶工业发展方式的升级与转型奠定技术基础。

2. 绿色船舶关键技术

绿色船舶的发展将带动新船型关键设计技术，特种船舶关键设计、建造技术，船舶数字化设计技术，以及船用配套技术等相关重大突破性、颠覆性技术的发展。

1)减阻新船型关键设计技术

船舶型线设计是船舶外观最直接的体现，从船舶的型线设计可以看出船舶所处时代特点，主要包括：通过更加科学合理的优化方式减少船舶航行过程中上层建筑受到风阻的设计技术；减少船舶在海上航行过程中船底表面摩擦阻力的空气润滑技术等。

2)少/无压载水船型设计技术

少/无压载水船舶理念完全不同于以前的压载水管理方法，它是对船体的一种重新设计。通过特殊船型设计，实现空船在不使用或少使用压载水的情况下也可拥有足够的吃水深度，确保船舶在大多数海况下的安全航行。

3)船舶数字化设计建造技术

信息技术的发展和现代制造业的管理理念及技术方法深刻地改变着传统的制造业。美、日、韩、欧等先进造船国家均十分重视以先进的信息技术手段改造传统的造船设计和生产方式。发达国家在设计技术方面普遍采用了三维设计建模；在信息的集成和共享方面采用了产品数据管理系统，实现了并行协同设计和生产；在制造方面，虚拟制造技术已用于生产实践中，实现了制造前的生产过程数字化模拟。

4)船用配套技术

(1)船用柴油机主机性能优化技术。船用柴油机主机性能优化研发重点产品及技术包括：满足国际海事组织(International Maritime Organization，IMO) TierⅢ要求的船用低中速柴油机技术，双燃料发动机和气体发动机设计制造技术，船用智能型小缸径低速柴油机技术，船用柴油机高增压、高压共轨燃油喷射技术等。

(2)船用柴油机废气后处理关键技术。船用柴油机废气后处理装置包括废气再循环(exhaust gas recycling，EGR)系统、选择性催化还原系统(selective catalytic reduction，SCR)装置等柴油机关键部件和系统的研制。目前，32.5%～40%的陆上及海上移动装置中都使用SCR对排放进行控制。对于中速柴油机来说，选择性催化还原原理可以在涡轮增压过程后与废气后处理系统联合使用以避免复杂的主机舱室管理。尿素存储舱室可以与船舶设计整合到一起。另外，选择性催化技术可以与所有发动机内部燃烧优化基础技术及在减排控制区外关闭该系统的灵活性相结合。

5)船用新型动力推进技术

为应对未来能源结构调整、降低对石油的依赖，开发新型可再生能源均被各国视为战略性技术开发，其中包括太阳能、风能的开发等。在陆上新能源的开发已经颇具规模，但在船舶上成熟的技术应用尚未形成，只有一些初步试验或概念船的设计。

(1)船用太阳能光伏技术。随着太阳能光伏技术的不断深入发展，其效率、可靠性和稳定性均有了很大的提升，已从最初的单纯技术研究逐渐转向实际应用领域。太阳能光伏发电应用于船舶是目前绿色船舶发展的一个重要方向。

(2)船用风帆辅助推进技术。当前，风能利用主要以风能作动力(风帆助航)和风力发电两种形式为主，在船舶上的应用形式偏重于作为航行的主动力或辅助动力，只在少数船舶上应用风力发电技术。

(3)LNG燃料清洁能源推进技术。据分析，LNG燃料能降低20%～25%的CO_2排放、80%～90%的NO_x排放，并基本消除SO_x和颗粒物排放。因此，LNG动力推进系统将成为今后绿色航运的重要选择之一。我国在新型能源动力研发方面开展的工作主要集中在LNG燃料推进动力以及小型船舶的太阳能推进动力方面，目前仍处于试验研发验证阶段。

(4)混合式对转桨(contra rotation propeller，CRP)推进技术研究。混合式对转桨推进系统能提高10%～20%的推进效率，该推进系统中设置2个相反方向的螺旋桨装置(即前置桨、后置桨)，每个推进装置的叶型、效率、工作点、匹配性能及控制系统与常规推进装置相比，有非常大的区别，需要攻克以下关键技术：混合式对转桨推进系统集成设计技术；基于全回转舵桨、可调距螺旋桨(controllable pitch propeller，CPP)及固定桨(fixed pitch propeller，FPP)等常规推进装置的前置桨、后置桨匹配技术等。目前，国外在该领域已有成熟的应用，而我国从研发到制造均属空白。

(5)综合电力推进系统集成及关键设备技术。船舶电力推进是利用大功率电机驱动螺旋桨旋转，从而推动船舶运动的一种推进方式。电力推进系统主要包括发电设备、配电设备、变流装置、推进电机、检测控制5部分，需要集成发动机、发电机组、配电装置、变频调速、推进电机、电传动系统及控制、网络检测及诊断、电磁兼容、能量存储等多项技术。

(6)船舶一体化综合管理平台集成技术。为保障船舶航行安全和保护海洋生态环境，世界各海事大国和相关国际组织开展了新的导航技术和航海技术研究。随着新型通信导航技术的不断出现，新一代符合IMO规范要求的船用导航雷达系统、新型船用陀螺罗经等通信导航和高集成度自动化控制系统都成为重要的产品研发领域和技术发展方向。

(7)新型轻质船用材料技术。新概念船舶将采用轻质无污染材料，如由铝和热塑性塑料合成的材料，这种材料与传统碳钢材料相比具有抗张强度高、维护费用低、易于成型、重量轻、耐疲劳及可循环利用等优点，既能够提高船舶运输效率，又能够使船舶建造或拆解过程中对环境的污染降到最低；还有"三明治"式复合材料，该复合材料主要有三层，外边两层是增强树脂或一些金属做成的涂层，中间材料可以按照需要赋予各种功能，并且中间层和两个表层可以是任意形状，主要是平行六面体。而且，这个技术可以扩展到多层，而不仅仅局限于3层。

(8)基础共性技术。国外主要造船国家一直非常重视船舶共性技术的研究与开发，主要集中在以下关键技术领域：极端海洋环境及其与结构物相互作用研究；非线性水动力学、结构物非线性动力响应机理及数值方法研究；高速水下航行体复杂流动机理研究；基于计算流体力学的数值模拟理论与方法研究(computational fluid dynamics，CFD)；船舶与海洋结构物安全性与风险研究；船舶与海洋结构物数字化虚拟设计与制造理论及方法研究；船舶与海洋结构物先进动力装置系统研究等领域。

此外，欧洲、日本等先进造船国家和地区还通过提高技术标准规范、构筑技术壁垒，一方面巩固其技术领先地位，另一方面遏制发展中造船国家的发展。我国应重点关注的新公约规范进展情况及其技术发展包括：温室气体减排规则及二氧化碳减排技术；《目标型新船建造标准》(*Goal-based New Ship Construction Standards*，GBS)、《协调共同结构规范》(*Harmonized Common Structural Rule*，HCSR)及工业界实施导则；《国际防止船舶造成污染公约》(*The International Convention for the Prevention of Pollution from Ships*，MARPOL)附则Ⅵ"减排规则及氮氧化物排放技术"；《压载水管理公约》和压载水处理系统及相关技术；减少噪声排放标准及降噪技术措施；极地规则及极地船舶技术；等等。

三、"十二五"期间产业培育与发展中遇到的问题

我国在绿色船舶产业培育与发展中，主要存在以下方面的不足。

(一)重当前市场，轻长远规划

近几年我国船舶工业飞速发展，造船能力和市场份额大幅提高，这是中国船舶工业国际竞争力提高的表现，但是从另一个角度来看，如何保持当前的市场地位也成为中国船舶工业的一个负担，加上近来国际船市急转直下，因此，目前我国船舶科技研发基本立足点还是满足当前市场需求，尽可能多地承接订单，至于满足未来长期对于绿色船舶的需求，还难以占据船舶科技研发的首要位置。

(二)技术创新难有突破性进展

目前我国对于绿色船舶的研发，一方面是基于自身发展的需要，另一方面也是迫于国际标准的压力，其设计基本难以脱离现有船型的基础。在现有船型基础上进行优化设计，尽可能满足国际标准要求既是一条捷径，同时也是无奈之举。没有开拓性的船型，没有突破性的思维，在绿色船舶技术方面，中国船舶工业的“跟随者”地位依然难以摆脱。

(三)缺乏统一的战略安排

目前，欧洲、日本、韩国已针对绿色船舶发展制定了具体的发展战略，并开展了广泛的技术研究，国际新标准的出台必然也是基于其研究的基础和可实现的范围。由于我国在这方面缺乏统一的战略规划，基础研究薄弱，在国际标准提出的过程中很难获取主动权和话语权，基本处于被动接受甚至仓促接受的尴尬局面。

四、促进绿色船舶产业发展的政策建议

纵观历史，第一次科技革命的主导技术是蒸汽机动力技术，第二次是电力技术，第三次是电子科技。而当代的科学发展则表现出群体突破的态势，起核心作用的已不是一两门科学技术，而是由信息科技、生命科学和生物技术、纳米科技、新材料与先进制造科技、航空航天科技、新能源与环保科技等构成的高科技群体，因此，结合国外绿色船舶技术发展重点领域及方向，建议我国绿色船舶产业的发展采取下列政策措施。

(一)设立船舶科技专项

绿色环保新船型的研发是未来我国船舶工业可持续发展和提升国际竞争力的重中之重，应确立绿色环保新船型研发的战略地位，从国家层面设立船舶科技专项，制定明确的目标，按照长、短期结合的方式，分阶段、系统全面地提升关键技术水平。

(二)加强关键装备的自主研发能力建设

在绿色船型研发取得突破并掌握核心技术的同时，加强关键装备的自主研发

能力建设，加快推进船舶动力与配套产业专业化、规模化、特色化发展；形成自主品牌的关键装备集成设计及配套设备设计、制造、服务多业务一体化的发展格局，打破我国船舶工业长期以来以造船壳为主的被动局面，实现由“大”到“强”的转变。

（三）增强基础共性技术和新标准规范的研究

随着船舶绿色化发展的不断推进，船舶研究需要更加关注海洋极端环境、非线性影响，需要应用更加精确的模型、更有效的分析工具，通过数值仿真、数值船池等新型研究手段，重点加强船舶水动力学、结构物强度和可靠性、新能源船舶动力机理等基础共性技术研究。

此外，在当前低碳经济发展的大前提下，欧、日等推高国际标准固然有其自身利益考虑，但也是大势所趋，不可逆转。目前我国急需改变当前所处的被动地位，变被动为主动，从战略层面加强对未来技术发展趋势的研判，加强基础技术研究和积累，主动提出新标准的制定方案，进而引领国际船舶科技的走向。

（四）鼓励国内外的合作交流

船舶产业是一个国际性的产业，尽管欧洲造船业已经衰退，日本造船业也过了发展顶峰时期，但是船舶科技的发展方向依然由其主导。如何发挥中国造船业快速发展的巨大优势，充分利用欧、日等先进国家的技术优势，是发展船舶技术需要认真考虑的课题。另外，对于海外优秀船舶科技人才，应制定具有竞争力的用人政策，鼓励企业引进海外高层次科技人才，快速提高我国绿色船舶技术和关键装备的研发水平。

参考文献

何育静．2008．我国船舶配套业国际竞争力分析[J]．造船技术，(6)：1-4．

蒋贵全，李彦庆．2009．技术创新与船舶工业竞争力[J]．舰船科学技术，31(3)：17-20．

李彦庆，韩光，张英香．2003．我国船舶工业竞争力及策略研究[J]．舰船科学技术，25(4)：61-63，66．

中国船舶工业年鉴编辑委员会．2012．中国船舶工业年鉴[R]．

中国船舶工业行业协会．2007．船舶工业产业安全状况调查报告[R]．

Det Norske Veritas. 2010-04-07. Quantum-a container ship concept for the future[EB/OL]. http://www.dnv.com/industry/maritime.

Det Norske Veritas. 2012. Technology outlook 2020[R]. Research & Innovation Report.

NYK. 2009-04-22. NYK releases exploratory design for NYK super eco ship 2030[EB/OL]. http://www.nyk.com/english/release/31/ne_090422.html.

STX. 2009-09-21. STX ship goes eco-friendly[EB/OL]. http://www.stxons.com.

专题报告六　海洋高端装备制造产业[*]

一、海洋高端装备产业发展现状和趋势

(一)海洋高端装备产业基本概念与范畴

海洋工程装备主要指海洋资源(包括海洋油气资源、生物资源和深海资源)勘探、开采、加工、储运、管理、后勤服务等方面的大型工程装备和辅助装备，主要包括勘探与钻井装备、生产与加工装备、储存与运输装备、海上作业与辅助装备、水下系统与作业装备、关键配套系统与设备、特种海洋资源开发装备、大型海上浮式结构物等，是人类开发、利用和保护海洋活动中使用的各类装备的总称。

海洋工程装备产业是高端装备制造业的重要方向，当前国家重点培育和发展的战略性新兴产业，具有知识技术密集、物资资源消耗少、成长潜力大、综合效益好等特点，是发展海洋经济的先导性产业。

(二)海洋高端装备产业发展现状

海洋工程装备产业在海洋油气开发活动中不断发展壮大，随着海洋油气开发从浅水走向超深水，海洋工程装备产品已经从浅水(200 米以浅)和中深水(200～500 米)的中低端装备拓展到深水(500～1 500 米)和超深水(1 500 米以深)的高端装备领域，装备技术水平不断提升，产业规模持续扩大。“十一五”期间，世界海洋工程装备年均市场规模为 500 亿～600 亿美元，已成为主要造船国竞相发展的高端装备制造业。“十二五”的前 3 年，世界海洋工程装备市场规模继续膨胀，年均订单成交量达 700 亿美元以上，其中 2012 年更是创造了 810 亿美元的历史最高水平。

目前，世界海洋(油气)工程装备产业已形成“欧美设计及关键配套＋亚洲总

---

[*] 本报告执笔人：赵泽华、王颖、徐晓丽、刘健奕。

装制造”的整体产业格局。

欧美处于整个产业链的顶层，它们基本上垄断了海洋工程总包、装备研发设计、平台上部模块和少量高端装备总装建造、关键通用和专用配套设备集成供货等，并在海洋工程装备运输与安装、水下生产系统安装、深水铺管作业等海洋工程高端服务领域处于主导地位。

亚洲是世界最主要的海洋工程装备造修基地，其中韩国是世界头号海洋工程装备制造强国，在深水装备建造领域居于国际领先地位，不仅在半潜式钻井平台和钻井船等深水钻井装备具备了极强的总包建造能力，而且在半潜式生产平台和浮式生产储卸油装置(floating production storage and offloading，FPSO)等深水生产装备领域具备了很强的工程总包能力，目前正对浮式液化天然气系统(floating liquefied natural gas，FLNG)等国际前沿、高端海洋工程装备设计、建造和工程总包的关键技术开展联合攻关。

新加坡和中国是仅次于韩国的海洋工程装备建造国，其中新加坡在世界海洋工程装备建造国际市场占有率为20%左右，核心产品领域是自升式钻井平台和半潜式钻井平台总包建造、修理以及FPSO改装。近年来，上述领域在中国企业的强力竞争下，已呈现一定颓势。

此外，阿联酋、巴西、马来西亚等国的海洋工程装备产业也具备一定的发展基础，但国际竞争力与韩国、新加坡和中国相比较弱。

1. 中国海洋工程装备产业现状

近年来，中国海洋工程装备制造业充分发挥自身造船、机械、钢材、石油石化、电子和材料等相关产业基础较好、建造综合成本较低等相对竞争优势，抢抓市场机遇，奋起直追，取得了快速发展。2013年，中国海洋工程装备在国际市场的占有率首次超过新加坡位居世界第二，正在向世界海洋工程装备大国迈进。

当前，我国已具备各类浅水油气装备的自主设计与建造能力，建造完成了大量的固定式钻井和生产平台、自升式钻井平台、平台供应船、三用工作船等海洋工程装备，完成了大量浮式生产装备[浅水FPSO/FSO(floating storage and offloading，即浮式储卸油装置)/FPU(floating production unit，即浮式生产装置)]的新建和改装，在上述领域已形成较强国际竞争力，产品系列化、品牌化建设成效明显。近几年，我国在半潜式钻井平台、钻井船、深水FPSO、大马力深水多用途工作船、深水起重铺管船、多缆物探船等深水海洋工程装备领域研发、设计和建造领域也不断取得突破，有多型装备已完工交付或正在建造。此外，中国企业积极开展差异化竞争，避开韩国和新加坡的优势领域，在钻井辅助/支持/生活平台(船)等领域获得大量订单，成为中国海洋工程装备制造业的重要组成部分。

产业布局方面，我国已初步形成环渤海、长江三角洲、珠江三角洲三大海洋工程装备聚集产业区，涌现出中国船舶重工集团公司、中国船舶工业集团公司、中远船务工程有限公司和中集来福士等若干具有国际竞争力的企业(集团)，它们已成为中国海洋工程装备制造业的中坚力量，承担着振兴产业发展的重任。此外，若干具备一定实力的石油装备和机械制造企业、外资和民营企业，也正在大力发展海洋工程装备制造业。

2. 与国际先进水平主要差距

与国际先进水平相比，中国海洋工程装备在自主研发设计、设备的自主化配套、工程总承包等领域仍较薄弱，且高端海洋工程装备的竞争力不强，存在较多空白领域。

1)自主研发设计能力较弱

目前，我国仅在自升式钻井平台等局部领域具备自主研发设计能力，如大连船舶重工 DSJ 系列自升式钻井平台已形成自主知识产权产品和自主品牌。但在大部分领域，尤其是深水和超深水海洋工程装备的自主研发设计能力仍十分薄弱，概念设计和基本设计严重依赖国外公司，国内企业主要从事详细设计和生产设计，严重制约了海洋工程装备整体能力的提升和产业竞争力的进一步增强(赵泽华等，2012)。

2)设备自主化配套能力不足

尽管在为国内客户建造或为部分国外客户建造海洋工程装备中使用了一定的国产化设备，但受制于业主对设备选择的苛刻要求(业主对国外知名公司技术成熟、应用业绩良好的设备具有很强的倾向性)和国内海洋工程装备建造商在设备选型中的被动(国内建造商的设计能力较弱导致在设备选型中的发言权很小)等不利因素，国产设备的应用受到了极大限制，国产设备的自主化配套率仍较低，关键核心设备的配套率更是低下，从装备层面导致海洋工程装备的空壳化，从产业层面导致制造业的空心化和产业发展的不平衡，最终的结果就是大量利润流向国外公司。

3)工程总承包能力较差

国内领先企业已具备部分海洋工程装备的总装建造能力，主要集中于钻井装备、辅助/支持/生活平台(船)和海洋工程船等装备建造上，而特大型深水浮式生产装备总包建造和深水海洋油气工程总承包的技术能力和管理能力无论与现代重工、三星重工、大宇造船海洋公司等韩国海洋工程强企还是与法国 Technip、美国 McDermott 等欧美海洋工程巨头相比均有很大差距，在与上述企业的国际竞争中明显处于下风，而不得不与国际上二三流的公司抢夺附加值较低的订单。

4)高端装备存在较多空白领域

随着海洋工程技术的日新月异，新型、高端海洋工程装备也层出不穷，对中国企业而言，有大量的领域中国尚未真正涉足，如超深水钻井船至今尚无成功交付业绩，FDPSO(floating drilling production storage and offloading，即浮式钻井生产储卸油装置)尚处于研究开发阶段，张力腿平台(tension leg platform，TLP)、深吃水立柱式平台等仅仅开展了部分基础性研究，FLNG 的前期研究刚刚启动，水下生产系统的研制处于起步阶段，大量前瞻性技术的储备更显不足。中国海洋工程装备产业要想主宰未来，必须填补大量空白。

(三)海洋高端装备发展基本趋势

1. 海洋油气装备

随着全球海洋油气开发业的不断推进，海洋资源开发对相关海洋工程装备的要求也日益提高，世界海洋工程装备技术不断进步。目前，海洋油气开发正在经历着“从浅海到深海、从近海到远海、从水面到水下、从常规海域到极区”的发展，海洋油气开发模式也正在实现从“固定式生产装备”到“浮式装备＋水下生产系统”、再到未来“全水下开发”模式的转变。

2. 水下运载、作业及通用技术装备

世界各国均投入了大量的人力和物力开展大型海洋装备的研制，以构成覆盖不同水深、从水面支持母船到水下运载作业装备的完整的装备体系。目前国际上水下运载装备、作业装备、配套设备及其通用技术已形成产业，有诸多提供各类技术、装备和服务的专业生产厂商，已形成了完整的产业链。

在水下运载器方面，其已成为最重要的探察和作业平台，发展趋势是朝着实用化、综合技术体系化方向发展，且功能日益完善。发展多功能、实用化遥控潜水器、水下机器人、载人潜水器和配套作业工具，实现装备之间的相互支持、联合作业、安全救助，能够顺利完成水下调查、搜索、采样、维修、施工、救捞等任务，已成为国际水下运载器的发展趋势。

在深海通用技术方面，海洋发达国家都战略性地规划建立了一批相关企业，专门开展深海通用技术的研发和产品支撑，如美国 Emerson 公司的浮力材料、美国圣迭戈地区的通用技术产业群等。国际深海通用技术已形成产业，有诸多提供各类技术和基础件的专业厂商，为水下装备的开发提供专业、可靠、实用的技术和基础件，保证了水下装备整体可靠性和实用性。现在国际上的深海通用技术朝着更高性能、更加完整、更高水平的方向发展。

3. 海洋探测/监测

国外海洋监测网络在覆盖范围、监测要素和实时性等方面的优点都比较突出，而且监测设备技术先进、实时性强、自动化程度高。其主要特点和发展趋势是：已建成的业务系统技术集成度高、监测能力较强，对本国海岸沿线专属经济区实现了实时监测，对国际重要海上通道和重点区域有一定的监测能力；对重点海域隐蔽、智能化、移动[智能作业机器人(autonomous underwater vehicle，AUV)]观测技术成熟，波导、内波、水声等水下海洋监测能力满足军事需求；

注重积累重要海域长周期断面剖面观测数据，大量使用潜标、浮标；海洋监测仪器装备研发能力强，产品更新快，基本实现了海洋环境的立体实时监测。

4. 海洋采矿装备

当前，国际上展开了对多金属结核开采技术研究比较成功的是水力(水气)管道提升式系统，由海底采矿机、长输送管道和水面支撑系统构成。美国已完成了5 500米级多金属结核采矿的技术原型及中试研究，一旦时机成熟，便能组织工业性试验并投入商业开采。

二、海洋高端装备产业技术现状与发展方向

(一)海洋油气装备

海洋油气开发对装备技术的要求不断提高，海洋油气装备的技术发展趋势主要体现在以下方面。

1. 主流装备挑战极限能力

钻井船、半潜式钻井平台向3 600米的超深水海域挺进，钻井深度达到12 000米，目前韩国已提出以此为主要特征的第七代钻井船概念；大型FPSO日处理能力达到原油16万桶，天然气650万立方米，储油能力达到180万桶；风车安装船最大单次安装能力突破12个3.6兆瓦级风机；世界最大浮式生产设施长度达到488米，排水量60万吨；世界最长海底高压电缆突破162千米(王颖等，2014)。

2. 浮式LNG技术空前繁荣

LNG-FPSO(liquefied natural gas-floating production storage and offloading，即液化天然气-浮式生产储卸油装置)、FSRU(floating storage and regasification unit，即浮式存储和再气化装置)等新兴装备在短短几年内迅速从概念阶段进入实际应用阶段，全球各大海洋工程技术公司、海工装备建造商和船级社纷纷加快推进浮式LNG装备技术的研究，相关规范逐步完善，海上气田将形成全新的开发模式。

3. 水下生产技术高速发展

海洋油气开发更多的移向水下，海底开采将成为未来海上油气田开发的主导理念，海底处理和海底供电系统将得到不断发展，模块化、标准化、智能化的水下生产系统将逐步占领世界所有的海洋油气田。

4. 冰区技术逐步提上日程

高性能破冰船、冰区自升式钻井平台、冰区钻井船、冰区FPSO不断出现，随着北极地区的石油和天然气开采活动逐步提上日程，研究、开发和建造适合北极作业的装备将成为必然趋势。极区FPSO具有超强的抗冰能力和高度的可靠

性，能在极低温度的恶劣海况下作业，造价可达常规FPSO的2倍。

5. 前瞻性新概念不断涌现

一批极具前瞻性的海洋工程新概念不断推出，如浮式天然气合成油生产储卸船(gas-to-liquid FPSO，GTL-FPSO)、浮式液化天然气发电船(LNG floating power-generating unit，LNG-FPGU)、浮式集装箱仓储转运终端(floating container storage and transhipment terminal，FCSTT)等，使浮式装备向更广泛的领域不断扩展。

6. 装备作业安全要求更加严格

墨西哥湾"深水地平线"平台事件以来，海洋油气开发安全性受到全球范围内广泛重视，世界对装备作业安全环保性能要求进一步提高，相关法规标准规范逐步完善，加入原油开发领域的审批趋严。同时，对海洋环境监测系统、水下作业监控系统、海洋平台水处理系统、水下作业潜器、水下设施应急维修设备等水下作业安全及环境监测装备技术提出了更迫切的需求。

(二)水下运载、作业及通用技术装备

我国已具有一定的水下运载技术研发能力，通过国家"九五"、"十五"、"十一五"期间的持续支持，先后自主研制或与国外合作研制了工作深度从几十米到6 000米的多种水下装备。在这些水下运载器的研制过程中，通过引进、消化、吸收国外先进技术，提升了与之相关的制造和加工能力。

我国各类深海取样设备大部分还处于研制和海试阶段，只有少数投入了实际应用。例如，深海电视抓斗和深海浅层岩芯取样钻机完成了多个航次的调查任务，已作为"大洋一号"科考船上的常规装备投入应用。然而，由于我国缺乏深海作业机器人，载人潜水器还处于试验阶段，限制了依靠深潜器使用的取样设备的发展和应用。

深海通用技术欠缺是我国深海高技术落后的根源，主要原因有：一是品种繁杂、难于产业化，二是长期缺乏国家的支持与投入，三是没有系统的研发机制与计划，四是基本的海试条件支撑缺乏。

尽管经过十多年的努力我国的水下运载及其作业技术有了突破性的进展，但是与世界先进国家相比，我国的深海技术和装备目前还处于起步阶段，面向深海的装备技术水平有一定差距，尤其是大量关键核心装备与技术依然依赖进口，引进中存在着技术封锁和贸易壁垒。

(三)海洋探测/监测

在海洋探测/监测方面，与发达国家相比，我国海洋探测/监测方面的差距还很明显，尤其是在稳定性、可靠性、系列产品等方面存在较大差距。按国家统计局和有关行业部门统计，国外公司的仪器仪表中档产品以及许多关键零部件占据

国内 60%以上的市场份额，大型和高精度的仪器仪表及海洋仪器几乎全部依赖进口。我国主要仪器依赖进口的局面还没有根本改变，自主技术装备目前只能满足海洋监测需要的 10%左右。

目前我国海洋环境全面实时监测体系尚在规划建设中，监测数据和信息远不能满足国家大发展的需要。自主海洋监测仪器装备性能低、品种少，与世界先进水平差距大，具体表现在以下五个方面。

(1)监测海域有限。监测区域不能覆盖一二岛链海域，基本上没有深远海水下环境监测能力，缺乏长期剖面立体观测数据。

(2)缺乏应对海上突发事件的海洋环境应急机动保障能力、海洋环境预报保障能力薄弱，没有对重点海域进行隐蔽观测的智能化水下移动观测平台。

(3)海洋环境数据通信能力弱，主要依赖国外卫星，水下组网观测和数据实时通信技术尚待突破。

(4)国内监测仪器装备性能低、品种少，与世界先进水平差距大，主要海洋监测仪器装备依靠进口。

(5)没有专门从事海洋监测仪器装备生产的公司和企业，仪器制造生产尚不规范。

(四)深海采矿装备

我国深海固体矿产资源开采技术的研究与发展无论与目前先进工业国家的水平，还是与未来商业开采的要求相比都存在很大的差距。国外 20 世纪 70 年代末便完成了 5 000 米水深的深海采矿试验，我国 2001 年才进行 135 米深的湖试，而且湖试中实际上对其采集和行走技术的验证并不充分。在钴结壳开采技术研究方面，所提出的一些采集和行走技术方案仅进行了一些原理验证性试验或尚未进行实物试验，我国对海底多金属硫化物资源开采技术的研究基本上还是空白，对钴结壳和海底硫化物矿开采方式的研究亦尚未进行。就钴结壳开采的特殊性而言，其采集装置和行走装置对复杂地形的适应性等问题还需要深入的研究。这些都表明，我国对深海固体矿产资源开采关键技术的研究不深入、不充分，亟待加强。

我国的深海固体矿产资源开采技术研究在“八五”期间正式展开，研究对象为深海多金属结核的开采。该期间，对水力式和复合式两种集矿方式和水气提升与气力提升两种扬矿方式进行了试验研究，取得了集矿与扬矿机理、工艺和参数方面的一系列研究成果与经验。“九五”期间，在此基础上进一步改进与完善，完成了部分子系统的设计与研制，研制了履带式行走、水力复合式集矿的海底集矿机。“十五”期间，我国深海采矿技术研究以 1 000 米海试为目标，完成了“1 000 米海试总体设计”和集矿、扬矿、水声、测检等水下部分的详细设计，研制了两级高比转速深潜模型泵，采用虚拟样机技术对 1 000 米海试系统动力学特性进行了较为系统的分析。

三、海洋高端装备产业战略布局与发展重点

(一)产业战略布局

鉴于海洋工程装备制造业所具有的特点以及产业现状，其发展思路应同时兼顾国家需求和产业需求、产业和技术等层面。总体发展思路为：针对我国深远海、大洋及海底资源勘探和开发、深远海科学研究、深海工程作业、海洋环境保护、海洋服务等国家战略需求和市场需求，以技术成熟度高、市场需求量大的装备为重点，发展深海运载和探测技术、深水作业和保障关键技术、海洋环境观测/监测技术等，大力培育和发展海洋高端工程装备制造业，扩大产业规模，提高产业集中度，培育一批知名企业。

(二)产业发展重点

1. 主力海洋工程装备

以国际主流趋势和先进技术为发展方向，通过引进、消化、吸收、再创新，开展物探船、半潜式钻井/生产/支持平台、钻井船、FPSO、海洋调查船、半潜运输船、起重铺管船、多功能海洋工程船等系列化设计研发，着力攻克关键技术，形成具有自主知识产权的品牌产品。集中力量攻克超级生态运载装备相关的船型设计技术、节能降耗动力技术、环保高效配套设备等核心技术，逐步形成超级生态运载装备自主设计制造能力，为提高我国船舶工业国际竞争力、培育绿色船舶及海洋工程装备新兴产业、实现海洋经济发展方式的升级与转型奠定技术基础。

2. 新型海洋工程装备

通过集成创新和协同创新，加强 FDPSO、自升式钻井储卸油平台、LNG-FSRU、立柱式平台、张力腿平台等装备开发，逐步提升研发设计建造能力。通过绿色船舶的发展带动新船型关键设计技术、特种船舶关键设计、建造技术、船舶数字化设计技术以及船用配套技术等相关重大突破性、颠覆性技术的发展。

3. 关键配套设备和系统

关键配套设备和系统是指海洋工程平台和作业船的配套设备和系统，以及水下采油、施工、检测、维修等设备，主要包括：自升式平台升降系统、深海锚泊系统、动力定位系统、FPSO 单点系泊系统、大型海洋平台电站、燃气动力模块、自动化控制系统、大型海洋平台吊机、水下生产设备和系统、水下设备安装及维护系统、物探设备、测井/录井/固井系统及设备、铺管/铺缆设备、钻修井设备及系统、安全防护及监测检测系统，以及其他重大配套设备；重点突破系统集成设计技术、系统成套试验和检测技术、关键设备和系统的设计制造技术等。

4. 4 500 米级深海载人潜水器

在 7 000 米载人潜水器研制基础上，重点突破总体设计、超大潜深耐压结构设计与安全性评估、生命支持系统技术、综合保障技术、系统集成、制造、运行、风险评估与控制技术，以及 4 500 米级浮力材料、大直径耐高压钛合金球壳设计及制造工艺技术、长效高密度电池技术，实现水密接插件、水下电机、水下推进系统、液压系统、长距离高速声学通信等关键技术或部件的国产化，开发 4 500米级深海载人潜水器，实现国产化、低运行成本和高可靠性。

5. 系列小型化、低成本、远程水下运载器

针对国际海底资源的勘察和开发以及深海探测需求，开发系列小型化、低成本、远程水下机器人及新型远程水下滑翔器，为深海地形地貌和资源勘察、海洋环境探测提供技术手段，与载人潜水器、遥控潜水器联合构成用于深海资源勘察、开采的通用深海作业体系。

6. 监测、勘探技术与装备

海底资源勘探、采样和评价技术与装备，水下组网技术，水下移动观测平台技术，海底极端环境监测、探查技术与装备，深海观察及运载技术与装备，海洋勘探、开采的防污与封闭装备。

四、促进海洋高端装备制造产业发展的政策建议

(一)海洋高端装备产业存在的问题与制约因素

1. 自主创新能力不足

我国海洋工程装备基本处于跟踪研仿状态，技术原始创新能力不足，概念设计和核心技术基本来自国外，LNG-FPSO、FDPSO、LNG-FSRU、深海工作站、海上浮动电站、大洋极地调查及深远海海洋环境观测监测和探测装备、海底矿物开采和运载装备等研发技术储备不足。严重制约了我国海洋工程装备的研制水平，削弱了国际竞争力，对持续发展造成巨大威胁。

2. 科研成果转化不畅

海洋高技术研发成果转化缺乏有效机制和平台、缺乏国家级公共试验平台和基地，且应用机制不健全，工程化和实用化进程缓慢，不能满足海洋装备研发的需求，且海洋科学技术研究与产品开发和产业化没有形成良好的互动机制，严重影响了我国海洋技术的产业化进程。

3. 产业体系尚不完备

目前，我国海洋工程装备产业主要是总装建造，上下游产业链不够完整，主要表现为海洋工程装备的自主研发设计和自主配套能力严重不足，海洋工程装备的总承包能力和国际油田服务能力不足。

4. 高级专业人才缺乏

海洋科学技术涉及的学科范围广泛，需要一批懂科学、懂设计、熟悉制造工艺和试验程序，能利用、集成各种新原理、新概念、新技术、新材料和新工艺等最新科技成果的专业人才队伍，但目前我国海洋工程装备的高级专业人才和复合型人才严重短缺，不能适应海洋装备与科技发展的需要。

（二）政策建议

1. 鼓励研究开发和创新

鼓励企业加大对海洋工程装备的研发投入和创新成果产业化的投入；鼓励国内企业开展海外并购，与有实力的国际设计公司合资合作；推动国际海洋工程装备技术转移，鼓励境外企业和研究开发、设计机构在我国设立合资、合作研发机构；推动建立由项目业主、装备制造企业和保险公司风险共担、利益共享的重大技术装备保险机制。

2. 推动建立产业联盟

组织和引导行业骨干研发机构、制造企业，联合检验机构、用户单位等，建立海洋工程装备产业联盟，形成利益共同体，在科研开发、市场开拓、业务分包等方面开展深入合作；引导“产、学、研、用”相结合，鼓励产业技术创新战略联盟围绕产业技术创新链开展创新，推动实现重大技术突破和科技成果产业化；鼓励总装建造企业建立业务分包体系，培育合格的分包商和设备供应商，推动“专、精、特、新”型中小企业发展。

3. 不断完善产业结构

加强产业统筹规划和政策导向，对于产能建设、行业协作、产业布局、创新发展等重要领域和关键环节，发挥政府宏观引导和协调作用，统筹现有设施和新建能力，坚持设计、制造、总装和配套同步发展。大力开展自升式平台升降系统及锁紧装置、自升式钻井平台伸缩式悬臂梁、深海锚泊系统、动力定位系统、FPSO 单点系泊系统、大型海洋平台电站、燃气动力模块、自动化控制系统、大型海洋平台吊机、水下生产设备和系统、水下设备安装及维护系统、大速比双机并车齿轮箱、液压系统和水下采油树等海工关键配套设备研发。

4. 打造一流人才队伍

鼓励优势企业走出去，积极参与境外相关产业的合资合作，充分利用各种有利的国际资源，提高企业的国际竞争力；改革和完善企业分配和激励机制，积极营造人才发展良好环境，创造条件吸引海外有专长的工程技术专家、学者来国内工作；依托创新平台的建设和重大科研项目的实施，积极培养具有跨专业学科研发能力的领军人才。

参考文献

工业和信息化部．2012. 海洋工程装备制造业中长期发展规划[R].

国家发展和改革委员会，财政部，工业和信息化部．2014. 海洋工程装备工程实施方案[R].

国家发展和改革委员会，科学技术部，工业和信息化部，等．2011. 海洋工程装备产业创新发展战略[R].

王颖，刘健奕，徐晓丽，等．2014. 世界海洋工程装备产业研究报告(2013—2014)[R]. 中国船舶重工集团公司经济研究中心．

赵泽华，王颖，吴凯，等．2012. 世界海洋工程装备产业研究报告(2011—2012)[R]. 中国船舶重工集团公司经济研究中心．

赵泽华，王颖，刘健奕．2013. 2012年世界海洋工程装备产业回顾及发展前景展望[R]. 中国船舶重工集团公司经济研究中心．